国家自然科学基金青年项目（52208004）

六合文稿 可持续人居丛书
张玉坤　主编

城市建成环境太阳能光伏应用

张文　张玉坤　著

中国建筑工业出版社

图书在版编目（CIP）数据

城市建成环境太阳能光伏应用 / 张文，张玉坤著.
北京：中国建筑工业出版社，2025．5. -- (六合文稿：
可持续人居丛书 / 张玉坤主编). -- ISBN 978-7-112
-31062-3

Ⅰ．TM615；X21
中国国家版本馆CIP数据核字第202588LP39号

责任编辑：杨晓　唐旭
书籍设计：锋尚设计
责任校对：王烨

六合文稿　可持续人居丛书
张玉坤　主编

城市建成环境太阳能光伏应用
张文　张玉坤　著

*

中国建筑工业出版社出版、发行（北京海淀三里河路9号）
各地新华书店、建筑书店经销
北京锋尚制版有限公司制版
北京中科印刷有限公司印刷

*

开本：787毫米×1092毫米　1/16　印张：10¾　插页：2　字数：240千字
2025年5月第一版　　2025年5月第一次印刷
定价：**58.00元**
ISBN 978-7-112-31062-3
　　　（44738）

版权所有　翻印必究
如有内容及印装质量问题，请与本社读者服务中心联系
电话：（010）58337283　　QQ：2885381756
（地址：北京海淀三里河路9号中国建筑工业出版社604室　邮政编码：100037）

编者按

六合建筑工作室2001年成立，到现在整整20年了。这些年来，工作室将长城·聚落与可持续人居作为并行的两个方向，积累了一些初步的研究成果。在中国建筑工业出版社的大力支持下，工作室先期组织出版了聚落变迁方向的《六合文稿 长城·聚落丛书》（2017-2021，14册），这次出版的《六合文稿 可持续人居丛书》是它的姊妹集。

工作室师生基于十余年传统聚落的研究基础与学术前沿的理论背景，从资源、环境、社会、文化等多个视角，探讨不同区位、不同尺度人居环境的可持续发展问题。尽管研究对象、视角与方法各有不同，但总体而言，均围绕国内外城市未来发展与村落发展智慧两个议题展开，探索城乡可持续发展之路。

2005年起工作室老师带领硕士生开始对国外生态村（Eco-village）展开研究，对生态村自给自足的可持续理念和建造运营模式有了初步的了解，后来又安排博士生继续研究。国外生态村虽然带有浓郁的乌托邦色彩，但其永续农业（Permaculture，中国台湾译为"朴门"）和可食景观（Edible Landscape）理念对我们的研究颇有启示。一次，笔者在出差路上看到一份报道，浙江绍兴农民正在自家的屋顶上收割水稻，被农民兄弟的智慧深深打动。于是，便动员尚未选题的研究生搜集国内外有关文献，发现所谓的都市农业（Urban Agriculture）已经有许多学术成果和设计实践了，自己还悠然自得，不知有汉。

自古以来，房前屋后，种瓜种豆，在乡下乃至城里都是再自然不过的事情，在现代的城市里出现农业种植不足为奇。学者们善于将朴素的社会实践上升为理论，以期指导当下和将来的社会实践，是一个实践—理论—实践循环往复不断提高的过程。

早在18世纪末到19世纪上半叶，为救济和安抚失地农民及城市劳工，英国城郊就已出现了划成小块廉价出租的份地农园（Allotment Garden），是比较早的都市农业模式。柯布西耶认为，一家一户的份地农园效益低下，微不足道。在1922年的"当代城市"（Ville Contemporaine）方案中，他提出了紧邻城市的大规模农田、集中式社区农园、空中农园，以及公共绿地上的果树、果园等丰富多样的构想——一座60层高、能容300万人的垂直田园城市，来取代霍华德水平向扩展的田园城市。

与柯布西耶不同，赖特提出了城市是否会消失的问题，反对高密度垂直发展的城市模式。他认为汽车交通、电力输送、电话电报通信这些便利条件为城市的分散式布局带来契机，于1935年提出了"广亩城市"（Broadacre City）的新概念。广亩城市为每个家庭成员配置了1英亩的土地种植粮食和蔬菜，居住与农业合而为一，自给自足。赖特晚年出版的《活的城市》收录了他提出的关于都市农业的规划布局模式。

大师们的理论或许被认为是不切实际的乌托邦，或许觉得农业在城市中无足轻重，在以往的城市规划中，他们闪光的思想似乎都被有意无意地屏蔽了，远未引起足够的重视。当现实的环境问题、食物问题迫在眉睫，可持续发展成为当务之急的时候，先前的理论总是再次被思考、被发现。

继花园城市、垂直花园城市、广亩城市之后，先后有日本建筑师黑川纪章的"农业城市"（Agricultural City，1960）、新城市主义者安德雷斯·杜安尼的"农业城市主义"（Agricultural Urbanism，2009）、美国景观建筑学家瓦格纳（Wagner）和格林姆（Grimm）的"食物城市主义"（Food Urbanism，2009）等与农业有关的城市理论出现。2005年，英国布莱顿大学建筑系的安德烈·维尔荣出版《连续生产性城市景观：为可持续城市设计城市农业》（*CPULs: Continues Productive Urban Landscapes*），从景观学角度提出了"生产性"概念。2009年，荷兰建筑师奈尔森（Nels Nelson）在《规划生产性城市》（*Planning the Productive City*）一文中指出：

"城市输入能源、水和食物，给这个星球带来沉重的生态负担。可持续的城市应当改变这种模式——使之成为生产之源而非仅是消费，使城市边界以外的自然得以繁荣，同时提高能源和物质的使用效率。"

同样，加拿大城市发展专家、《21世纪议程》主要倡导者布鲁格曼（Jeb Brugmann）也认为，"我们需要以一种完全不同的方式看待城市和可持续性。与其节约能源，让生活更加省吃俭用，牺牲可持续发展，不如使城市作为生产资源的地方，而不仅仅是消耗它们"（*The Productive City: 9 Billion People Can Thrive on Earth*，2012）。

某种程度上，当代城市从消费向生产的转型已经成为可持续发展的必要条件，"生产性城市"也将成为未来城市发展的新趋势。在城市从消费型向生产型转变过程中，依然需要强调勤俭节约，开源节流，对资源缺乏、人口众多的我国而言尤其如是。除了考虑食物、能源、水的因素之外，生产性城市的建设还需要整体、系统的统筹协调，包括对现有聚落形态、结构和功能的深入解读，以及基于此的综合性调整策略，而非简单地将各种生产性功能植入现有的城市之中。简而言之，生产性城市应当是以可持续发展为宗旨，以绿色生产为主要手段，有机整合农业生产、能源生产、工业生产、空间生产、废物利用、文化资源保护等多种功能于一体的多层次城镇体系。在每个层次的最小范围内，主动挖掘生产潜力，提高资源利用效率，力求最大限度地满足居民的可持续性生存与发展需求。

上述从生态村、都市农业到生产性城市的发展脉络是可持续人居的主要路径，六合工作室循着这条路径做了一些研究工作。可持续人居涉及资源、环境、社会、文化等方方面面，是一个比较复杂的系统工程。面对这一系统工程，仍然有许多知识需要学习，有许多问题需要探索，以往的理论和实践可以给人以启迪。从希腊学者道萨迪亚斯（C. A. Doxiadis）所创立的包括人、社会、自然、建筑、网络五元素的人类聚居学理论（20世纪50年代），到吴良镛先生创建的包括自然系统、社会系统、人类系统、居住系统、支撑系统五大系统的人居环境科学（1996—2004），为整体上把握可持续人居提供了可靠的理论基础。其他学者的相关研究（Antucheviciene et al. 2015；Kaklauskas, Zavadskas 2012；Kaklauskas et al. 2014；Kapliński, Tupenaite 2011），将可持续人居问题进一步明确为解决环境—经济—社会三者关系的问题，并建立了多种类型的可持续建筑环境评价框架（Björnberg 2009；Bentivegna et al. 2002；Morrissey et al. 2012；Siew 2015），为分析可持续人居提供了理论方法与工具。

回望历史，《礼记·王制》中有这样一句有关"人地关系"的话：

"凡居民，量地以制邑，度地以居民，地、邑、民、居必参相得也。"

在农耕时代，"地"主要指耕地及其周围环境，"邑"是指规模不等的聚落或聚落群，"民"主要指人口规模，"居"则可指代建筑。这种两千多年前人地和谐的思想智慧在探索可持续发展的今天依然熠熠生辉，启示着我们如何协调好现代的"地"——土地、能源、水等各种资源和生态环境，"邑"——城乡聚落或城乡聚落体系，"民"——除了人口，则可包括社会的政治、经济、文化等属人的各种因素。

从古代到现代的人居环境，尽管复杂程度有所不同，但在人类从未间断的历史长河中，却是古今一理、万世绵延的连续体。可持续人居现在和将来的任务，也无非是处理好地、邑、民、居的复杂关系。

本丛书是六合工作室可持续人居研究的一次阶段性总结汇报。先期出版的几本文稿，包括聚落空间形态定量描述与认知研究、合作居住与生态村等国内外聚落研究，以及生产性城市、生产性建筑、建筑拆解及材料再利用技术研究、中国社区农园等未来城市发展战略与措施研究；后期还将计划出版城市复垦研究、都市农业发展现状与潜力研究、建成环境光伏应用研究、交通空间可再生能源规划策略研究等后续进一步的延伸研究。这些文稿作为一套丛书，是在诸多博士学位论文的基础上改写而成的，随时间的演进，对研究对象的认识不断深化，使用的分析技术不断更新，因而未强求在写作体例和学术观点上整齐划一，而是尽量忠实原作，维持原貌。博士生导师作为主编和作者之一，在学位论文写作之初，负责整体研究方向、研究思路和写作框架的制定，写作期间进行了部分文字修改工作；在文稿形成过程中，又进行局部修改和文字审核。但对原作的研究思路、方法及其学术观点，则予以保留和鼓励，未加干预。

丛书所展现的内容也仅是一些初步的思考。一些理论探索与技术方法距离在实践中应用并发挥作用仍有距离，瑕疵与纰漏之处在所难免。文稿付梓，希望引发对于可持续人居未来发展趋势的关注与讨论,收获批评与建议,并在可持续人居研究发展道路上协力共行。

  本丛书的出版得到了多方的支持与帮助。首先要感谢国家自然科学基金的大力支持,多个项目的获批与实施支持了该系列研究的顺利开展,使得一些初始的想法能够得以深化;感谢天津大学领导和建筑学院、研究生院、社科处等有关部门领导所给予的人力物力保障,以及学校"985"工程、"211"工程和"双一流"建设资金的大力支持;感谢中国建筑工业出版社对本套丛书编辑出版的高度信任和耐心鼓励;感谢所有在六合工作室求新求异、扎实研究、辛勤耕耘的老师和同学们,向所有对本系列研究工作提供支持、帮助和建议的专家、同仁表示衷心感谢。

前　言

　　能源短缺和环境污染是人类生存长期面临的两大严峻考验。利用太阳能电池进行光伏发电，逐步代替传统化石能源供应是解决这两项难题最直接有效的方法之一。建成环境是为满足人类活动需求而建设的人为环境，对其的太阳能光伏应用（简称光伏应用）可以将能源生产与能源消费紧密结合，进一步发挥已开发土地潜能，节约集中式电站所占用土地，大幅度减少远程输电线损。同时，建成环境光伏应用还可以缓解用电高峰期的电力需求，并可将所发多余电力并入电网，进而提升区域经济水平，减少化石能源的使用以及碳排放。因此，建成环境光伏应用的研究具有重要意义。

　　本书通过文献资料收集，结合近20年更新发展的光伏应用技术，针对国际能源署于1997年提出的建成环境光伏应用的概念，从建成环境光伏应用范围以及需要考虑的经济、社会、美学等相关影响方面进行完善，并界定了建成环境光伏应用范围和应用方式。进而，从光伏组件选型以及建成环境光伏应用方式两个层面对建成环境光伏应用设计提出建议，还提出在建成环境光伏应用中需要充分考虑经济环境、美学环境以及社会环境影响。在国际能源署研究基础上，进一步完善建成环境光伏应用设计形式标准建议，提出建成环境光伏应用设计流程，并增加方案评估阶段，以推动建成环境光伏应用项目落成，改善公众对于光伏应用的消极态度。

　　本书还对现有建成环境光伏应用潜力的测评方法进行了文献梳理，发现对于复杂环境下的非建筑类建成环境光伏应用技术潜力测评方法相对较少，所以本书提出基于正射影像图与地理信息系统（Geographic Information System，简称GIS）相结合的区域停车场光伏应用潜力测评方法以及基于图像的三维点云重建与GIS相结合的建成环境光伏应用潜力测评方法。然后，结合文献研究，对现有建成环境光伏应用潜力测评方法进行分类归纳，并进行横向比较，总结出不同方法的适用范围。此外，本书对两种光伏潜力测评方法进行实例操作：采用正射影像图与GIS相结合的潜力测评方法对天津某大学内停车场光伏应用潜力进行了测评；采用基于图像的三维点云重建与GIS相结合的潜力测评方法对新加坡某停车场以及一处建筑屋顶光伏应用潜力进行测评，验证了两种方法在实际操作中的可行性。

　　综上所述，本书对于建成环境光伏应用从概念演进、设计方法与流程、潜力测评方法等三个方面进行了论述，为未来建成环境生产性改造提供理论与技术支持。

本书的读者对象主要包括光伏行业从业者、建筑行业从业者以及低碳生态设计相关行业从业者，也包括绿色建筑领域的高校教师、研究人员、政府管理人员以及对光伏感兴趣的读者。本书是以作者在天津大学完成的博士课题为基础的研究成果，旨在为城市建成环境光伏应用的推广提供绵薄之力。鉴于本人学术水平所限，错漏之处敬请读者指正。

本书在撰写期间离不开各位老师、同学、亲朋好友的指点、支持与帮助。感谢研究团队成员韩佳雨、陈钰涵、王攀等同学对于文字的校对与编辑工作，致谢所有帮助过我的老师、朋友们。

2025年2月

目 录

编者按

前 言

第1章 绪论 001
    1.1 研究背景 001
    1.2 研究现状 014
    1.3 研究内容 035
    1.4 研究方法 036
    1.5 技术路线 037
    1.6 本书创新点 038

第2章 建成环境光伏应用概念演进 039
    2.1 建成环境概念 039
    2.2 建成环境光伏应用方式研究现状 041
    2.3 建成环境光伏应用概念 056

第3章 建成环境光伏应用设计方法研究 061
    3.1 建成环境光伏应用材料 061
    3.2 建成环境光伏应用方式 067
    3.3 建成环境光伏应用设计方法与流程 101

第4章 建成环境光伏应用潜力测评方法研究 113
    4.1 建成环境光伏应用潜力测评软件选择与精度分析 113
    4.2 基于正射影像图与GIS的建成环境光伏应用潜力测评方法 120

	4.3 基于图像三维点云重建与 GIS 的建成环境光伏应用潜力测评方法	130
	4.4 不同建成环境光伏应用潜力测评方法比较	140

第5章 结论与展望   143

    5.1 主要结论   143

    5.2 存在的不足与展望   144

参考文献   145

第 1 章 绪论

太阳——是万物赖以生存的本源[1]。

1.1 研究背景

1.1.1 世界能源形势

能源是人类社会赖以生存与发展的基础,也是社会与经济发展的基础。然而随着全球国民生活水平提高、消费结构升级以及城镇化进程加快,使得能源的消耗也进一步加快[2]。同时,世界人口的持续增长以及经济的不断发展,更使得国民对于能源的需求量进一步增大[3]。据英国能源研究院2023年统计,该年全球一次能源消费总量较2022年增长2%,达到620艾焦❶(Exajoule,简称EJ),比2019年新冠肺炎疫情前的水平高出5%以上。该年一次能源消费总量增速也相对于2022年提高了约0.9%,供应链问题终于缓解,能源产量和消费量均创下纪录。其中,石油增加了2.51艾焦,煤炭增加了1.55艾焦,天然气增加了0.04艾焦[4]。图1-1为《世界能源统计年鉴2023》中2000~2022年全球能源消费量统计,从中可以看出不论是化石燃料还是可再生能源,消耗量都在连年增加[5]。但地球的化石燃料储量却是有限的,在《世界能源统计年鉴2021》中,根据已探明的储量以及年开采量的统计,截至2020年底,全球石油储产比❷为可开采53.5年,天然气约为48.8年,煤炭约为139年[6]。据世界卫生组织预测,到2060年全球人口将达到100亿~110亿,如果到时所有人的能源消费量都达到目前发达国家人均水平,则地球上石油、天然气等均将在40年内消耗殆尽[7]。而我国作为世界上人口最多的国家之一,能源短缺问题更为严重,尤其是在经济高速发展的现如今,能源消耗量大幅度提升,而我国的能源储量却并不乐观,其中石油储量占全球储量的1.5%,天然气为4.5%,煤炭为13.3%[6]。虽然总体而言,我国的资源总量还

---

❶ 艾焦是能量单位焦耳(J)的倍数,在能源领域中常用来表示非常大的能量量级。1艾焦耳相当于2.39百万吨油当量(Mtoe)。

❷ 储产比:又称储采比,是指油(气)田剩余可采储量与当年产量之比。储产比是量度油气田生产能力的一项指标,在编制油气生产计划和规划时必须考虑这一因素。

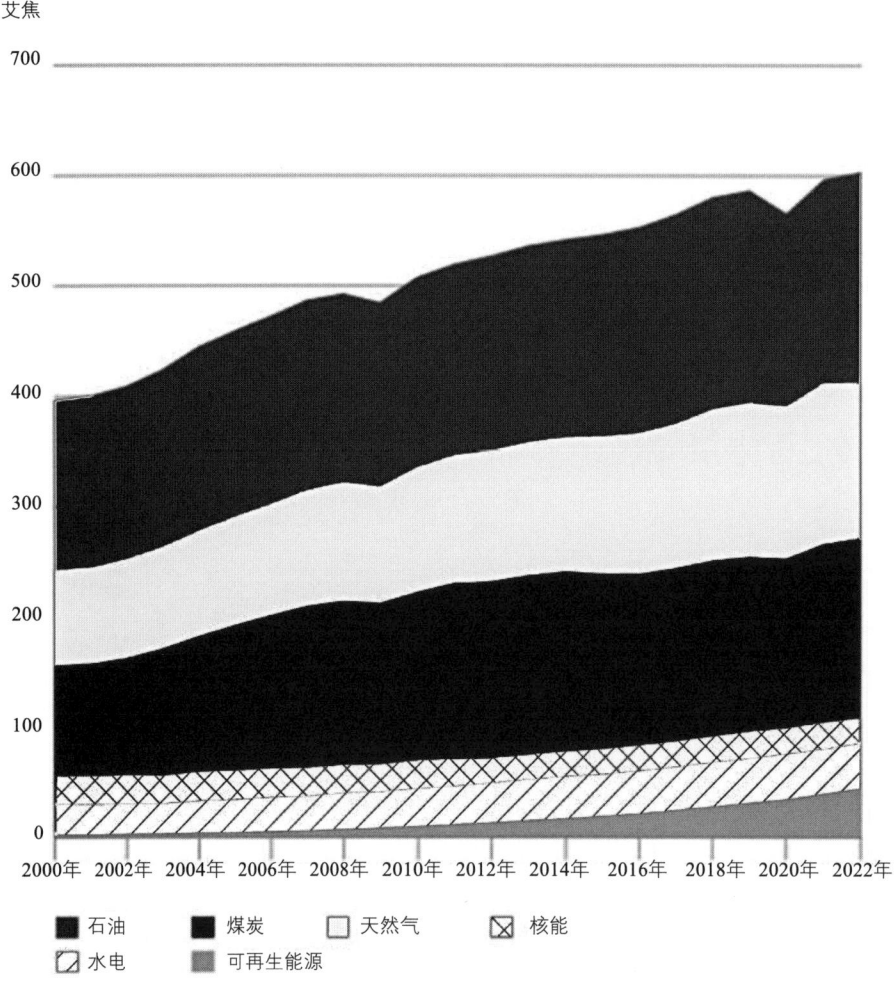

图 1-1 2000~2022 年全球能源消费量统计[5]

算丰富，但人均能源资源拥有量仍处于世界较低水平，一次能源储量也低于世界平均水平。不论是全球化石能源供应还是我国化石能源供应，都面临着严重短缺的危机局面，并且倘若未来我国石油、天然气等化石能源对外依存度过高，那么将严重威胁到我国的能源安全[8]。因此，推动能源结构改革，大力发展可持续能源应用就显得尤为重要。

大量消耗化石能源燃料的传统社会经济发展模式，不仅使人类的能源供应面临严峻挑战，也对人们赖以生存的地球环境造成了污染。化石燃料能源在燃烧过程中会排放出大量的SO_2等有毒有害气体，引起严重的空气污染以及生态破坏等，同时还会排放出以CO_2为主的温室气体，引发温室效应。《气候变化综合报告2007》中指出，全球CO_2浓度增加主要是由于化石燃料的使用，倘若温室气体仍无节制地排放，将产生气候变化不可逆转的影响，并将引起海平面上升、土地沙漠化、农作物生长环境恶化、冰山融化以及大量物种灭绝等自然灾害。该报告建立了CO_2与气候变化关系对应表[9]，如表1-1所示。2015年联合国第21届气候变化大会通过的《巴黎协定》中提出：到2100年将全球平均气温的工业化前水平升高幅度控制在2℃以内[10]。《世界能源统计年鉴2024》中结合2022年的碳排放数据，预测了2050年的碳排放。在当前路径情景下，能源使用导致的碳排放预计在本世纪20年代中期达到峰值，到2050年碳排放将比2022年降低约25%。在净零情景下，碳排放在2050年之前将减少约95%，如图1-2a所示。为了实现更快的转型，到2050年可再生能源需要增加三倍以上，在一次能源中的占比超过一半，如图1-2b所示[4]。

表1-1 CO_2排放量与气候变化关系[9]

温度上升/℃	全部温室气体/×10^{-6}（等效CO_2）	CO_2当量浓度/×10^{-6}	2050年CO_2排放量相当于2000年的百分数/%
2.0~2.4	445~490	350~400	-85~-50
2.4~2.8	490~535	400~440	-60~-30
2.8~3.2	535~590	440~485	-30~+5
3.2~4.0	590~710	485~570	10~60
4.0~4.9	710~885	570~660	25~85
4.9~6.1	885~1130	660~790	90~140

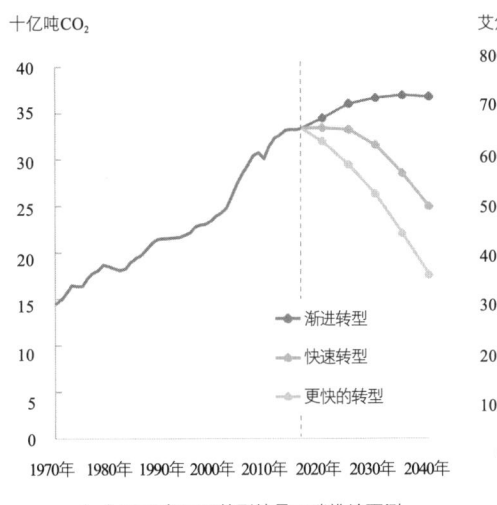

(a) 2040年不同转型情景下碳排放预测

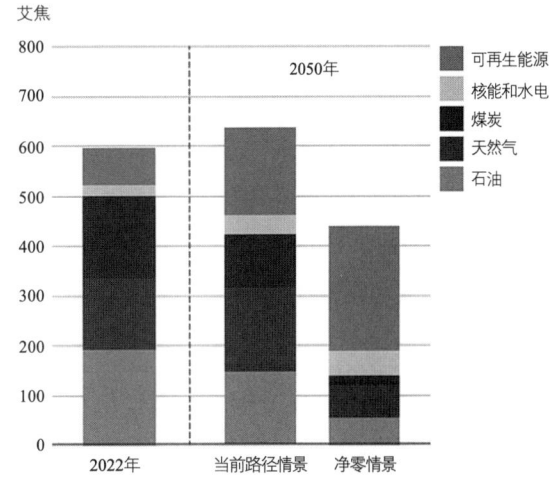

(b) 不同能源种类在一次能源中的占比

图1-2 能源分析[4]

（图片来源：英国能源研究院. 世界能源统计年鉴2024[EB/OL]. [2024-08-26]. https://kpmg.com/cn/zh/home/insights/2024/08/statistical-review-of-world-energy-2024.html）

全球电气化程度的加快，也使得全球电力消费快速增长，尤其是各国国内生产总值（Gross Domestic Product，简称GDP）以及个人生活品质的提升，更是加剧了能源消耗[12]。根据埃克森美孚公司于2018年2月发表的《世界能源展望2040》中的预测，到2030年全球中等收入人口群体将增长80%，达到约50亿人[13]。同时指出随着居民生活水平的提高，对于电力能源的需求也在连年提高，2017年电力供应占全球能源供应的37.4%，该组织预测到2040年，电力需求将增长约59.6%[14]。而据英国石油公司（BP）统计，2017年全球一次能源增量有将近70%来源于电力行业，伴随着电力需求的增加，电力生产结构必须发生改变，传统化石能源的占比必须降低[11]。

综上所述，煤炭、石油等传统化石能源短缺以及环境污染已经成为人类面临的最大问题，同时未来电力应用的增长也是必然趋势。因此，减少高碳排放、污染环境且能源利用效率较低的传统化石能源在能源供需格局中的占比，大力发展新能源和可再生能源是未来全球能源发展的必要战略要求。

1.1.2　太阳能光伏技术

随着现代工业的发展，在常规化石能源匮乏、经济高速发展以及全球环境日益恶化的压力下，太阳能资源的优势越来越明显。作为资源最丰富、分布最为广泛的可再生能源，太阳能的利用受到全世界的重视。太阳能光伏应用则是对太阳能进行应用的一种重要形式。太阳能光伏发电（Photovoltaic，简称PV）是根据半导体界面的光生伏特效应原理，将太阳能直接转化为电能的技术。太阳能光伏应用系统主要是利用太阳能电池阵列将其收集到的太阳能直接转变为电能，并依靠相关光发电系统进行供电[2]。其中独立光伏发电系统（也称离网系统）主要由太阳能电池方阵、控制器、蓄电池以及汇流箱组成，若输入电源为交流时，还需要逆变器；并网光伏发电系统则主要由太阳能电池阵列、光伏并网逆变电源组成，有时为了便于计量从电网买入或者售出的电能，还会配置电能表。

光伏发电系统应用主要可以分为两大类，分别是分布式光伏电站以及集中式光伏电站。其中，建设地点位于电量需求用户所在场地周边，所产生的电能自发自用，或者将所产生的多余电量进行并网作为其运行方式，且以平衡调节配电作为特征的光伏发电设施，称为分布式光伏电站。而集中式光伏电站通常是指安装应用在太阳能资源供应更为稳定、丰富的地区且充分利用所在区域的大型光伏电站，其产生的电量通常采用高压输电的方式进行传输[15]。两种光伏发电系统各有利弊，但不论是分布式光伏电站还是集中式光伏电站，利用光伏技术代替传统化石能源进行电力生产，都是世界各国在积极推崇与发展的。据国际能源署（IEA）2024年的统计年报，截至2023年，全球总光伏装机容量已经达到1581GW。其中已经有29个国家装机容量达到GW级；有19个国家超过了10GW级，其中5个国家超过40GW，分别是中国（662GW）、美国（169.5GW）、印度（95.3GW）、日本（91.4GW）、德国（81.6GW）[16]。

如图1-3所示，依据国际能源署光伏项目组（IEA-PVPS）的《全球光伏市场快照2024》（*Snapshot of Global Photovoltaic Markets 2024*）[17]，全球光伏并网装机容量连年升高，尤其是近十年来，更是有了飞速发展。

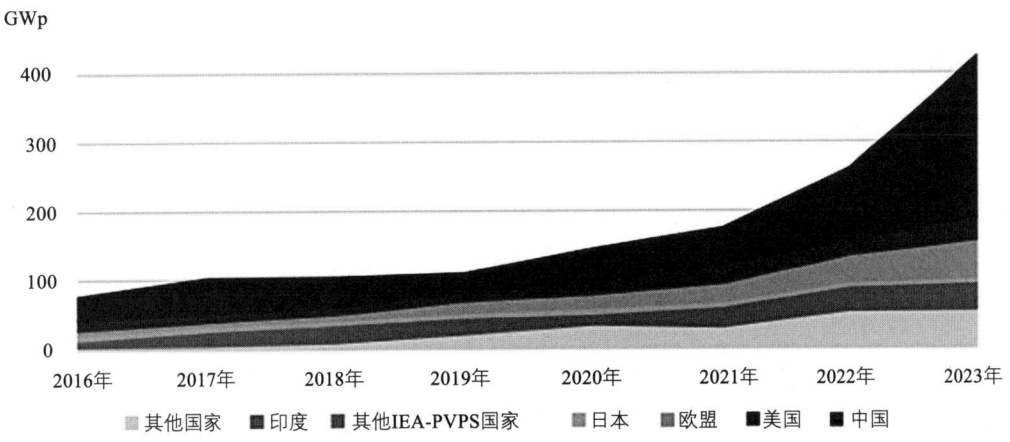

图1-3　全球光伏并网装机容量（GW-DC）[17]

各国都在积极利用太阳能光伏发电技术进行传统化石能源替代，对于光伏电池的研究也有相当的进展。美国国家能源可再生实验室（NREL）对于全球光伏电池组件的转化效率一直密切关注，如图1-4所示，截至2024年4月，该实验室对于不同类型光伏组件转化效率进行统计[18]，从中可以看出，世界各国都在积极提高光伏电池的转化效率，而光伏电池转化效率的提高也意味着光伏组件所能产生能源的增加。

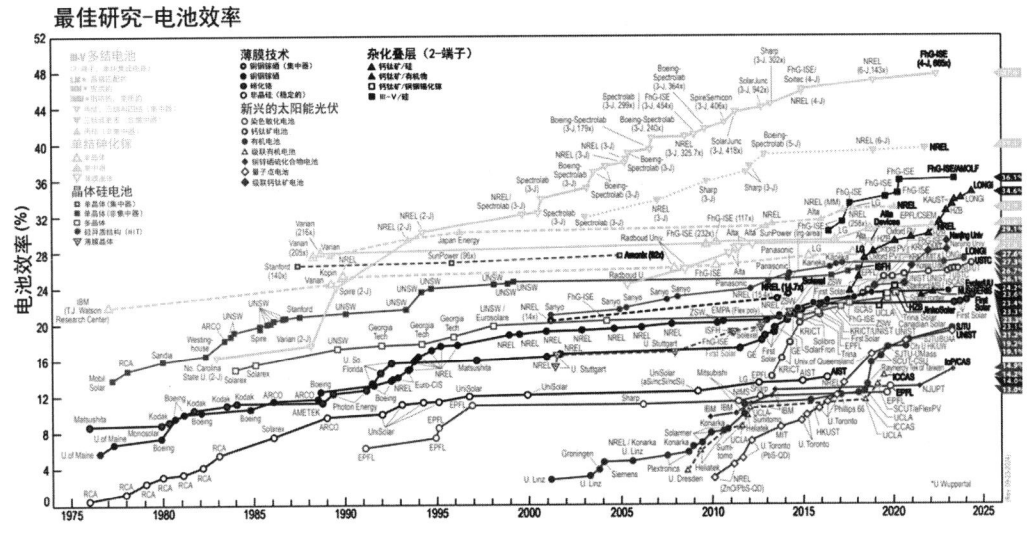

图1-4　美国国家能源可再生实验室统计的光伏组件转化效率[18]

我国自1958年开始进行光伏发电的相关研究，并于20世纪70年代开始建立光伏生产企业[2]。随着我国光伏应用技术的发展，为了进一步适应国内光伏发电的发展，我国在光伏应用领域制定了多项建设标准与规范，这些标准与规范的出台为光伏应用设计提供了依据。在此本书对截至2024年9月的国内已经实施的光伏设计相关标准进行总结，如表1-2所示（参照参考文献[19]进行补充）。从中可以看出，我国在光伏应用技术应用层面已经较为完善，这标志着我国的光伏应用市场已经进入了崭新的发展应用阶段。

中国现行光伏电站设计标准　　　　　　　　　　　　　　　表1-2

	标准编号	标准名称	发布机构	实施日期
1	GB/T 2297-1989	太阳光伏能源系统术语	信息产业部	1990-01-01
2	GB/T 9535-1998	地面用晶体硅光伏组件　设计鉴定和定型	国家质量技术监督局	1999-06-01
3	GB/T 18911-2002（已废止）	地面用薄膜光伏组件　设计鉴定和定型	国家质量监督检验检疫总局	2003-05-01
4	GB/T 19939-2005（已废止）	光伏系统并网技术要求	国家质量监督检验检疫总局	2006-01-01
5	GB/T 20046-2006	光伏（PV）系统电网接口特性	国家质量监督检验检疫总局	2006-02-01
6	GB/T 20047.1-2006	光伏（PV）组件安全鉴定　第1部分：结构要求	国家质量监督检验检疫总局	2006-02-01
7	GB/T 20513-2006	光伏系统性能监测　测量、数据交换和分析导则	国家质量监督检验检疫总局	2007-02-01
8	GB/T 16895.32-2008	建筑物电气装置　第7-712部分：特殊装置或场所的要求　太阳能光伏（PV）电源供电系统	国家标准化管理委员会	2010-02-01
9	10J908-5（已作废，被16J908-5替代）	建筑太阳能光伏系统设计与安装	住房和城乡建设部	2010-03-01
10	JGJ 203-2010（已废止，被GB/T 51368-2019替代）	民用建筑太阳能光伏系统应用技术规范	住房和城乡建设部	2010-08-01
11	GB 24460-2009	太阳能光伏照明装置总技术规范	国家质量监督检验检疫总局	2010-12-01
12	JGJ/T 264-2012	光伏建筑一体化系统运行与维护规范	住房和城乡建设部	2012-05-01
13	GB 50794-2012	光伏发电站施工规范	住房和城乡建设部	2012-11-01
14	GB/T 50795-2012	光伏发电工程施工组织设计规范	住房和城乡建设部	2012-11-01
15	GB/T 50796-2012	光伏发电工程验收规范	住房和城乡建设部	2012-11-01
16	GB 50797-2012	光伏发电站设计规范	住房和城乡建设部	2012-11-01
17	NB/T 32001-2012	光伏发电站环境影响评价技术规范	国家能源局	2012-12-01
18	GB/T 28866-2012	独立光伏（PV）系统的特性参数	国家质量监督检验检疫总局	2013-02-15
19	GB/T 19964-2012（已作废，被GB/T 19964-2024替代）	光伏发电站接入电力系统技术规定	国家质量监督检验检疫总局	2013-06-01
20	GB/T 29196-2012	独立光伏系统　技术规范	国家质量监督检验检疫总局	2013-06-01
21	GB/T 29319-2012（已作废，被GB/T 29319-2024替代）	光伏发电系统接入配电网技术规定	国家质量监督检验检疫总局	2013-06-01
22	GB/T 29320-2012（已作废，被GB/T 29320-2024替代）	光伏电站太阳跟踪系统技术要求	国家质量监督检验检疫总局	2013-06-01

续表

	标准编号	标准名称	发布机构	实施日期
23	GB/T 29321-2012	光伏发电站无功补偿技术规范	国家质量监督检验检疫总局	2013-06-01
24	GB/T 13539.6-2013	低压熔断器 第6部分：太阳能光伏系统保护用熔断体的补充要求	国家质量监督检验检疫总局	2013-07-01
25	GB/T 50866-2013	光伏发电站接入电力系统设计规范	住房和城乡建设部	2013-09-01
26	GB/T 50865-2013	光伏发电接入配电网设计规范	住房和城乡建设部	2014-05-01
27	JGJ/T 365-2015	太阳能光伏玻璃幕墙电气设计规范	住房和城乡建设部	2015-11-01
28	NB/T 32025-2015	光伏发电调度技术规范	国家能源局	2015-09-01
29	GB/T 31999-2015	光伏发电系统接入配电网特性评价技术规范	国家质量监督检验检疫总局	2016-04-11
30	16J908-5（替代10J908-5）	建筑太阳能光伏系统设计与安装	住房和城乡建设部	2016-09-01
31	GB/T 32900-2016	光伏发电站继电保护技术规范	国家质量监督检验检疫总局	2017-03-01
32	GB/T 33342-2016	户用分布式光伏发电并网接口技术规范	国家质量监督检验检疫总局	2017-07-01
33	GB/T 33764-2017	独立光伏系统验收规范	国家质量监督检验检疫总局	2017-12-01
34	GB/T 34932-2017	分布式光伏发电系统远程监控技术规范	国家质量监督检验检疫总局	2018-05-01
35	GB/T 33599-2017	光伏发电站并网运行控制规范	国家质量监督检验检疫总局	2017-12-01
36	GB/Z 35043-2018	光伏产业项目运营管理规范	国家市场监督管理总局	2018-05-18
37	GB/T 36115-2018	精准扶贫 村级光伏电站技术导则	国家质量监督检验检疫总局	2018-10-01
38	GB/T 36116-2018	村镇光伏发电站集群控制系统功能要求	国家质量监督检验检疫总局	2018-10-01
39	GB/T 36117-2018	村镇光伏发电站集群接入电网规划设计导则	国家质量监督检验检疫总局	2018-10-01
40	GB/T 37408-2019	光伏发电并网逆变器技术要求	国家质量监督检验检疫总局	2019-12-01
41	GB/T 37409-2019	光伏发电并网逆变器检测技术规范	国家质量监督检验检疫总局	2019-12-01
42	GB/T 51368-2019（替代JGJ 203-2010）	建筑光伏系统应用技术标准	住房和城乡建设部	2019-12-01
43	GB/T 37655-2019	光伏与建筑一体化发电系统验收规范	国家质量监督检验检疫总局	2020-01-01
44	GB/T 38335-2019	光伏发电站运行规程	国家质量监督检验检疫总局	2020-07-01
45	GB/T 38330-2019	光伏发电站逆变器检修维护规程	国家质量监督检验检疫总局	2020-07-01
46	GB/T 38946-2020	分布式光伏发电系统集中运维技术规范	国家质量监督检验检疫总局	2020-12-01
47	GB/T 39750-2021	光伏发电系统直流电弧保护技术要求	国家质量监督检验检疫总局	2021-10-01
48	GB/T 39854-2021	光伏发电站性能评估技术规范	国家质量监督检验检疫总局	2021-10-01
49	GB/T 39857-2021	光伏发电效率技术规范	国家质量监督检验检疫总局	2021-10-01
50	GB/T 40289-2021	光伏发电站功率控制系统技术要求	国家质量监督检验检疫总局	2021-12-01
51	GB/T 40616-2021	村镇光伏发电站集群控制系统仿真测试技术要求	国家质量监督检验检疫总局	2022-05-01
52	GB/T 42006-2022	高原光伏发电设备检验规范	国家质量监督检验检疫总局	2023-05-01
53	GB/T 42766-2023	光伏发电太阳能资源评估规范	国家质量监督检验检疫总局	2023-05-23
54	GB/T 19964-2024（替代GB/T 19964-2012）	光伏发电站接入电力系统技术规定	国家质量监督检验检疫总局	2024-03-15

续表

	标准编号	标准名称	发布机构	实施日期
55	GB/T 29319-2024（替代GB/T 29319-2012）	光伏发电系统接入配电网技术规定	国家质量监督检验检疫总局	2024-03-15
56	GB/T 44228.1-2024	智能光伏发电站 第1部分：总则	国家质量监督检验检疫总局	2024-07-24
57	GB/T 29320-2024（替代GB/T 29320-2012）	光伏电站太阳跟踪系统技术要求	国家市场监督管理总局	2024-08-23
58	GB/T 44650-2024	光伏发电站逆变器并网性能硬件在环测试规程	国家质量监督检验检疫总局	2024-09-29

1.1.3 光伏政策

随着光伏技术以及市场的日益成熟，世界各国都在积极制定符合本国未来发展目标的光伏政策，其中比较具有代表性的包括：日本于2004年提出的日本"PV2030"计划[20]、2009年提出的"PV2030+"[21]，欧盟于2004年提出的"欧洲光伏研发路线图"[22]，美国于2007年提出的"美国国家太阳能项目路线图"[23]等等，均针对未来太阳能应用领域装机容量、技术发展以及上网电价等提出了目标以及发展方向，进而推动本国的光伏应用产业发展。

我国于2007年由国家发展改革委制定了《可再生能源中长期发展规划》，并提出了光伏产业发展的目标[24]。随着我国光伏市场的加大以及应用案例的增加，我国光伏政策的制定越发完善，包括光伏用地政策、税收及补贴政策、光伏扶贫政策等。表1-3是自2007年提出发展光伏产业开始，至2024年8月，由国家政府机关制定的主要光伏政策。

我国主要光伏政策　　表1-3

时间	文件名	文号	部门	主要内容
2007年11月	关于开展大型并网光伏示范电站建设有关要求的通知	发改办能源〔2007〕2898号	国家发展改革委办公厅	决定开展大型并网光伏示范电站建设[25]
2010年4月	关于宁夏太阳山等四个太阳能光伏电站临时上网电价的批复	发改价格〔2010〕653号	国家发展改革委	批复首批标杆上网电价1.15元/kWh[26]
2011年7月	关于完善太阳能光伏发电上网电价政策的通知	发改价格〔2011〕1594号	国家发展改革委	确定全国光伏上网标杆电价为1元/kWh[27]
2013年7月	关于印发《分布式发电管理暂行办法》的通知	发改能源〔2013〕1381号	国家发展改革委	提出推动分布式发电应用[28]
2013年7月	关于分布式光伏发电实行按照电量补贴政策等有关问题的通知	财建〔2013〕390号	财政部	制定了分布式光伏发电项目按电量补贴等政策实施办法[29]

续表

时间	文件名	文号	部门	主要内容
2013年8月	关于发挥价格杠杆作用促进光伏产业健康发展的通知	发改价格〔2013〕1638号	国家发展改革委	地面电站采用三类标杆电价,分别为0.9元/kWh,0.95元/kWh,1元/kWh;对分布式光伏发电实行按照全电量补贴政策,电价补贴标准为0.42元/kWh[30]
2013年9月	关于光伏发电增值税政策的通知	财税〔2013〕66号	财政部、国家税务总局	自2013年10月1日至2015年12月31日,对纳税人销售自产的利用太阳能生产的电力产品,实行增值税即征即退50%的政策[31]
2013年11月	关于分布式光伏发电项目管理暂行办法的通知	国能新能〔2013〕433号	国家能源局	明确提出光伏电站建设规模、项目备案、并网运行、发电机量以及电费结算的相关规定[32]
2013年11月	关于对分布式光伏发电自发自用电量免征政府性基金有关问题的通知	财综〔2013〕103号	财政部	公布了对分布式光伏发电自发自用电量免收可再生能源电价附加、国家重大水利工程建设基金、大中型水库移民后期扶持基金、农网还贷资金等4项针对电量征收的政府性基金[33]
2014年1月	关于下达2014年光伏发电年度新增建设规模的通知	国能新能〔2014〕33号	国家能源局	下达了各省光伏电站建设指标[34]
2014年9月	关于进一步落实分布式光伏发电有关政策的通知	国能新能〔2014〕406号	国家能源局	强调进一步落实分布式光伏的有关政策,大力推进分布式光伏发展[35]
2014年10月	关于印发实施光伏扶贫工程工作方案的通知	国能新能〔2014〕447号	国家能源局、国务院扶贫办	加快组织实施光伏扶贫工程,制定实施方案[36]
2014年10月	关于规范光伏电站投资开发秩序的通知	国能新能〔2014〕477号	国家能源局	健全项目备案管理,制止光伏电站投资开发中的投机行为、禁止各种地方保护[37]
2014年11月	关于推进分布式光伏发电应用示范区建设的通知	国能新能〔2014〕512号	国家能源局	进一步推荐光伏示范区建设,确定了分布式光伏规模化应用示范区名单[38]
2015年4月	关于开展全国光伏发电工程质量检查的通知	国能新能〔2015〕110号	国家能源局	决定组织开展光伏发电工程质量检查工作,并制定了质量检查工作方案[39]
2015年9月	关于实行可再生能源发电项目信息化管理的通知	国能新能〔2015〕358号	国家能源局	决定实行可再生能源发电项目信息化管理工作[40]
2015年11月	关于光伏电站建设使用林地有关问题的通知	林资发〔2015〕153号	国家林业局	明确光伏电站占用林地的使用方式[41]

续表

时间	文件名	文号	部门	主要内容
2015年12月	关于完善陆上风电光伏发电上网标杆电价政策的通知	发改价格〔2015〕3044号	国家发展改革委	全国光伏上网标杆电价调整为：一类资源地区0.8元/kWh，二类资源地区0.88元/kWh，三类资源地区0.98元/kWh[42]
2016年3月	关于实施光伏发电扶贫工作的意见	发改能源〔2016〕621号	国家发展改革委、国务院扶贫办、国家能源局、国家开发银行、中国农业发展银行	决定在全国具备光伏建设条件的贫困地区实施光伏扶贫工程[43]
2016年6月	关于做好风电、光伏发电全额保障性收购管理工作的通知	发改能源〔2016〕1150号	国家发展改革委、国家能源局	核定了部分存在弃光问题地区规划内的光伏发电最低保障收购年利用小时数[44]
2016年6月	关于下达2016年光伏发电建设实施方案的通知	国能新能〔2016〕166号	国家能源局	制定各地区2016年光伏电站建设规模[45]
2016年7月	关于继续执行光伏发电增值税政策的通知	财税〔2016〕81号	财政部、国家税务总局	自2016年1月1日至2018年12月31日，对纳税人销售自产的利用太阳能生产的电力产品，实行增值税即征即退50%的政策[46]
2016年10月	关于下达第一批光伏扶贫项目的通知	国能新能〔2016〕280号	国家能源局、国务院扶贫办	下达第一批具备建设条件的扶贫项目建设规模[47]
2016年12月	关于调整光伏发电陆上风电标杆上网电价的通知	发改价格〔2016〕2729号	国家发展改革委	全国光伏上网标杆电价调整为：一类资源地区0.65元/kWh，二类资源地区0.75元/kWh，三类资源地区0.85元/kWh[48]
2016年12月	关于印发《太阳能发展"十三五"规划》的通知	国能新能〔2016〕354号	国家能源局	制定了《太阳能发展"十三五"规划》[49]
2017年7月	关于印发《推进并网型微电网建设试行办法》的通知	发改能源〔2017〕1339号	国家发展改革委、国家能源局	推进电力体制改革，切实规范、促进微电网健康有序发展[50]
2017年8月	关于征求对《关于减轻可再生能源领域涉企税费负担的通知》意见的函	—	国家能源局	对纳税人销售自产的利用太阳能生产的电力产品，实行增值税即征即退50%的政策，从2018年12月31日延长到2020年12月31日[51]
2017年9月	关于推进光伏发电"领跑者"计划实施和2017年领跑基地建设有关要求的通知	国能新能〔2017〕54号	国家能源局	推进光伏发电"领跑者"计划实施和基地建设[52]
2017年10月	关于开展分布式发电市场化交易试点的通知	发改能源〔2017〕1901号	国家发展改革委、国家能源局	决定组织分布式发电市场化交易试点[53]

续表

时间	文件名	文号	部门	主要内容
2017年11月	关于印发《解决弃水弃风弃光问题实施方案》的通知	发改能源〔2017〕1942号	国家发展改革委、国家能源局	推动解决弃水弃风弃光问题[54]
2017年12月	关于开展分布式发电市场化交易试点的补充通知	发改办能源〔2017〕2150号	国家发展改革委、国家能源局	进一步明确分布式发电市场化交易试点方案编制的有关事项[55]
2018年1月	关于2018年光伏发电项目价格政策的通知	发改价格〔2017〕2196号	国家发展改革委	全国光伏上网标杆电价调整为：一类资源地区0.55元/kWh，二类资源地区0.65元/kWh，三类资源地区0.75元/kWh；采用"自发自用、余电上网"模式的分布式光伏发电项目补贴标准为0.37元/kWh；符合国家政策的村级光伏扶贫电站（0.5MW及以下）标杆电价保持不变[56]
2018年5月	关于2018年光伏发电有关事项的通知	发改能源〔2018〕823号	国家发展改革委	光伏上网电价降低0.05元/kWh；新投运的、采用"自发自用、余电上网"模式的分布式光伏发电项目补贴标准降低0.05元/kWh；保持村级光伏扶贫电站（0.5MW及以下）标杆电价不变[57]
2018年6月	关于创新和完善促进绿色发展价格机制的意见	发改价格〔2018〕943号	国家发展改革委	提出加大峰谷电价实施力度，运用价格信号引导电力削峰填谷；完善居民阶梯电价制度，推行居民峰谷电价[58]
2019年1月	关于积极推进风电、光伏发电无补贴平价上网有关工作的通知	发改能源〔2019〕19号	国家发改委、国家能源局	提出开展平价上网项目和低价上网试点项目建设[59]
2019年4月	关于完善光伏发电上网电价机制有关问题的通知	发改价格〔2019〕761号	国家发展改革委	将集中式光伏电站标杆上网电价改为指导价，适当降低新增分布式光伏发电补贴标准[60]
2019年5月	关于2019年风电、光伏发电项目建设有关事项的通知	国能发新能〔2019〕49号	国家能源局	积极推进平价上网项目建设，严格规范补贴项目竞争配置，全面落实电力送出消纳条件，优化建设投资营商环境[61]
2020年1月	"十四五"现代能源体系规划	发改能源〔2022〕210号	国家发展改革委、国家能源局	规划了"十四五"期间中国现代能源体系的发展目标和重点任务，包括新能源的发展[62]

续表

时间	文件名	文号	部门	主要内容
2020年3月	关于2020年风电、光伏发电项目建设有关事项的通知	国能发新能〔2020〕17号	国家能源局	明确2020年风电和光伏发电项目的建设管理有关事项，包括项目申报、建设、补贴[63]
2020年4月	关于2020年光伏发电上网电价政策有关事项的通知	发改价格〔2020〕511号	国家发展改革委	公布2020年光伏发电上网电价政策，包括集中式光伏发电的指导价和分布式光伏发电的补贴标准[64]
2020年6月	关于公布2020年光伏发电项目国家补贴竞价结果的通知	—	国家能源局	公布纳入2020年国家财政补贴规模的光伏发电项目竞价结果[65]
2020年7月	关于公布2020年风电、光伏发电平价上网项目的通知	发改办能源〔2020〕588号	国家发展改革委办公厅、国家能源局综合司	公布2020年风电、光伏发电平价上网项目清单，并规定了相关项目的核准（备案）、开工、并网等要求[66]
2021年2月	中华人民共和国工业和信息化部公告2021年第5号	—	工业和信息化部	修订《光伏制造行业规范条件》和《光伏制造行业规范公告管理暂行办法》，推动光伏产业结构调整和转型升级[67]
2021年5月	国家能源局关于2021年风电、光伏发电开发建设有关事项的通知	国能发新能〔2021〕25号	国家能源局	明确2021年风电和光伏发电的开发建设要求，强调推动高质量发展，确保非化石能源消费占比逐年提高[68]
2021年10月	关于印发"十四五"可再生能源发展规划的通知	发改能源〔2021〕1445号	国家发展改革委、国家能源局、财政部等	深入贯彻能源安全新战略，推动可再生能源产业高质量发展，落实碳达峰、碳中和目标[69]
2021年12月	智能光伏产业创新发展行动计划（2021-2025年）	工信部联电子〔2021〕226号	工业和信息化部、住房和城乡建设部、交通运输部、农业农村部、国家能源局	推动智能光伏产业创新发展，包括智能光伏产品、系统及解决方案[70]
2022年1月	"十四五"现代能源体系规划	发改能源〔2022〕210号	国家发展改革委、国家能源局	明确了"十四五"期间中国现代能源体系的发展目标和重点任务，包括新能源的发展[71]
2022年5月	关于促进新时代新能源高质量发展的实施方案	国办函〔2022〕39号	国务院办公厅	为促进新能源高质量发展，提出了创新新能源开发利用模式、加快构建适应新能源占比逐渐提高的新型电力系统、深化新能源领域"放管服"改革、支持引导新能源产业健康有序发展、保障新能源发展合理空间需求、充分发挥新能源的生态环境保护效益、完善支持新能源发展的财政金融政策等七大任务[72]

续表

时间	文件名	文号	部门	主要内容
2022年6月	"十四五"可再生能源发展规划	—	国家能源局	制定了"十四五"期间可再生能源的发展目标、重点任务和保障措施[73]
2022年9月	关于促进光伏产业链健康发展有关事项的通知	发改办运行〔2022〕788号	国家发展改革委办公厅、国家能源局综合司	为促进光伏产业链健康发展,提出了保障多晶硅合理产量、支持多晶硅先进产能按期达产、鼓励多晶硅企业合理控制产品价格水平、充分保障多晶硅生产企业电力需求、鼓励光伏产业制造环节加大绿电消纳、完善产业链综合支持措施、加强行业监管等八项措施[74]
2022年11月	光伏电站开发建设管理办法	国能发新能规〔2022〕104号	国家能源局	为规范光伏电站开发建设管理,促进光伏发电持续健康高质量发展[75]
2022年12月	《光伏电站开发建设管理办法》政策解读	—	国家能源局	对《光伏电站开发建设管理办法》进行了政策解读,明确了光伏电站开发建设管理的相关要求[76]
2023年1月	关于推动能源电子产业发展的指导意见	工信部联电子〔2023〕3号	工业和信息化部、教育部、科技部、人民银行、银保监会、国家能源局	旨在推动能源电子产业发展,加快智能光伏创新突破,发展高纯硅料、大尺寸硅片技术,支持高效低成本硅电池生产,推动N型高效电池、柔性薄膜电池、钙钛矿及叠层电池等先进技术的研发应用[77]
2023年1月	关于印发《光伏电站开发建设管理办法》的通知	国能发新能规〔2022〕104号	国家能源局	为规范光伏电站开发建设管理,促进光伏发电持续健康高质量发展[78]
2023年3月	关于支持光伏发电产业发展规范用地管理有关工作的通知	自然资办发〔2023〕12号	自然资源部办公厅、国家林业和草原局办公室、国家能源局综合司	为支持绿色能源发展,加快大型光伏基地建设,规范项目用地管理,提出引导项目合理布局、实行分类管理、加快办理用地手续、加强用地监管、稳妥处置历史遗留问题等措施[79]
2023年4月	2023年能源工作指导意见	国能发规划〔2023〕30号	国家能源局	提出加快构建新型电力系统,推动能源绿色低碳转型,以及加强能源科技创新等指导意见[80]
2023年9月	国家能源局关于组织开展可再生能源发展试点示范的通知	国能发新能〔2023〕66号	国家能源局	组织开展可再生能源发展试点示范,推动光伏等可再生能源技术的创新和应用[81]

续表

时间	文件名	文号	部门	主要内容
2024年3月	2024年能源工作指导意见	国能发规划〔2024〕22号	国家能源局	明确2024年能源工作主要目标为：供应保障能力持续增强、能源结构持续优化、质量效率稳步提高[82]
2024年5月	2024—2025年节能降碳行动方案	国发〔2024〕12号	国务院	为加大节能降碳工作推进力度，采取务实管用措施，尽最大努力完成"十四五"节能降碳约束性指标[83]
2024年8月	光伏产业标准体系建设指南（2024版）	工信厅科〔2024〕50号	工业和信息化部办公厅	强调光伏产业链涵盖上游、中游、下游以及与之相关的设备、辅助材料及零部件等辅助环节，提出到2026年，将实现标准与产业科技创新的联动水平持续提升[84]

从以上对我国光伏应用政策的总结可以看出，我国的光伏应用政策体系已经较为完善，光伏市场也日趋成熟化、理性化。同时，可以看出我国的光伏政策明显鼓励发展分布式光伏应用。在国家政策的大力推动下，北京、重庆、上海以及江苏、浙江、广东、广西、安徽、江西、湖北、山西、河北、湖南、吉林、海南、福建相继出台了相关光伏补贴政策，以促进本地区分布式光伏电站的发展[85]。大力发展分布式光伏电站是我国实行的一项重要政策，我国东南沿海经济发达地区，尤其是人口稠密的大型城市，用电量巨大，同时土地资源又较为紧张，明显缺乏建设大规模集中式光伏电站的条件，而从西部荒漠地区引电入东部，会由于长距离输电显著的电损和建设特高压线路架设与维护而导致成本提高。

综上所述，建成环境光伏应用作为分布式光伏应用中的一项重要组成部分，可以通过自发自用补偿建成环境区域公共用电，同时不占用额外土地，并且可以通过短距离输电缓解区域用电紧张的情况，具有明显的减排生态效益。因此，对于建成环境光伏应用的相关研究就显得至关重要了。

1.2　研究现状

1.2.1　建成环境光伏应用发展研究

建成环境光伏应用最早主要集中于建筑光伏应用领域，尤其是从20世纪90年代起，各个国家都将建筑屋顶光伏应用列入了国家的发展计划当中，以政府为主导对本国的建筑光伏应用进行政策鼓励,以促进本国光伏技术的应用发展,例如德国的"城市千屋顶计划"、日本的"住宅光伏推广计划"、美国的"百万屋顶计划"、澳大利亚的"一万光伏屋顶计划"以及我国的"太阳能屋顶计划"等[86]。除了建筑光伏应用领域外,1989年,在瑞士Domat的A13高速公路旁建成了第一组光伏声屏障系统,此后欧洲又有更多的道路声屏障系统出现[87]。而除建筑与声屏障以外的建成环境光伏应用相关研究与案例则相对较少。其中比较具有代表性的是1996年Abbate-Gardner[88]提出的开放公共空间以及街道设施光伏应用的概念,并简单估算了潜力,但始终都没有对建成环境光伏应用有一个系统性的概念界定与研究。

直至1997年,建成环境光伏应用这个概念由国际能源署光伏项目组提出,该组织提出的17项光伏发展重大任务中的第七项任务为建成环境中的光伏发电系统（Photovoltaic Power Systems in the Built Environment,以下简称Task7）[89]。该任务相关研究于2001年结束,2002年完成任务报告,2003年达成了之前设定的所有预计目标,并发表了著作《太阳能设计》（*Designing with Solar Power*）[90]。该团队提出该研究任务的目的是提高建成环境中光伏系统的建成质量、技术质量和经济可行性,并评估和消除非技术障碍,促使建成环境光伏应用成为一种重要的应用方式。为此,该任务在研究过程中,第一次将光伏系统工程师与规划师、建筑师、建筑工程师等聚到了一起,还结合了公共事业等方面专家,对任务中的议题一起进行讨论与研究,并最终设立了4项子任务,具体包括：建成环境光伏发电系统的建构设计研究（Architectural Design of Photovoltaic Power Systems in the Built Environment）、建成环境光伏发电系统的系统设计（Systems Technologies for Photovoltaic Power Systems in the Built Environment）、在建成环境中引入光伏发电系统的非技术性阻碍（Non-Technical Barriers in the Introduction of Photovoltaic Power Systems in the Built Environment）以及建成环境光伏发电系统的示范与推广（Demonstration and Dissemination of Photovoltaic Power Systems in the Built Environment）。综合以上4项子任务,最终Task7研究小组对于建成环境光伏应用方式进行了总结,除了地面光伏应用外,还将住宅、商业以及工业建筑屋顶、立面,以及其他建成环境结构（隔声屏障、停车场、铁路顶棚等）纳入建成环境光伏应用范畴内,并且总结了建成环境光伏应用需要解决的技术以及非技术难点[89]。

总体而言,Task7研究小组在1997年提出建成环境光伏应用的概念,并且聚集光伏工程师与规划师、建筑师等,一起讨论未来建成环境光伏应用。这无疑是具有开创性与前瞻性的,为近二十年建成环境中的光伏应用提供了大量的帮助,并且也大大推动了建成环境光伏应用领域的发展。然而,现如今距离Task7的提出已经过去20年了,不论是光伏技术,还是建造、材料以及施工技术,都有了大幅度的提高,并且也有了更多的光伏应用方式产生,例如路面光伏应用、建筑光伏一体化应用组件、水面光伏应用以及农业光伏应用等。而Task7中建成环境光伏应用还主要集中于建筑光伏应用领域,其考虑的技术以及非技术因素均只针对建筑而言,明显已经落后,缺乏对于现有建成环境光伏应用方式的总结以及针对现今社会环境下建成环境光伏应用的进一步研究。因此，需要结合现阶段光伏技术对于建成环境光伏应用概念进行重新梳理，并对建成环境光伏应用设计方法进行总结，这将是本书第2章以及第3章的研究重点。

1.2.2 建成环境光伏应用潜力测评方法研究

前文介绍了建成环境光伏应用发展研究现状，从中可以看出建成环境光伏应用的概念还停留在1997年，随着光伏应用的发展，建成环境光伏应用的概念需要进一步完善，同时，建成环境光伏应用潜力测评也是至关重要的。从能源配给角度，建成环境光伏应用潜力测评可以辅助城市的供电系统管理，为主动式能源调控提供依据；从政策角度，可以为政府合理制定未来新能源发展目标以及计划提供理论依据，有助于未来城市能源结构更新；同时，为城市光伏应用的推广提供数据支持，具有教育意义。因此，本节从建筑光伏潜力测评方法以及非建筑建成环境光伏应用潜力测评方法两个角度对于国内外建成环境光伏应用潜力测评方法进行归纳，并总结现有建成环境光伏应用潜力测评方法的局限性。

1.2.2.1 国内外建筑光伏应用潜力测评研究现状

建筑光伏应用潜力测评方法研究中，主要都是对于建筑屋面光伏潜力测评的研究，并且已有多种建筑屋面光伏潜力测评方法。

Izquierdo等人[91]依据Hoogwijk等人[92]对于可持续能源的评级系统，于2008年将建筑屋顶光伏应用潜力进行了层级划分，包括物理潜力（Physical Potential）、地理潜力（Geographical Potential）以及技术潜力（Technical Potential）。其中物理潜力是指屋面所能接收到的最大太阳能资源的潜力；地理潜力是指在考虑到周围环境遮挡的情况下，屋顶适宜安装光伏组件面积的潜力；而技术潜力是指考虑到光伏组件效率以及设备效率的能源生产潜力，具体需要考虑的因素包括光伏组件表面所接受的全部辐射能、光伏组件之间的安装间距（以冬至时最小阴影的标准进行设置）以及光伏组件效率等。2017年，Lee、Hong等人[93][94]在Izquierdo的研究基础上，从三个层级的角度进一步梳理了建筑屋顶光伏应用潜力测评中的相关文献研究，并利用Hillshade分析法对于韩国首尔江南（Gangnam）地区的27774座建筑屋顶的物理潜力、地理潜力以及技术潜力进行了评估，并进行了比较。

从三个层级的潜力测评中可以看出，除了物理潜力测评以外，地理潜力以及技术潜力测评都需要考虑到光伏组件安装面积以及其与周边环境的关系，这也就代表在潜力测评过程中除了需要对气象数据进行考虑外，另一项重要的信息体现于可利用光伏区域面积的几何信息获取与统计上。本书对于现有的建筑光伏潜力测评方法进行总结，大致分为以下五种。

1. 基于统计数据获取建筑几何信息的光伏潜力测评方法

基于统计数据的建筑几何信息获取方法，即利用图纸或者测量所获取的城市规划相关数据参数，或者利用典型样本区域所得到的相关数据参数，结合统计学方法，按照不同的地块功能、建筑类型对大面积建筑屋顶光伏可利用面积进行估算。

国内外利用统计数据进行的区域建筑屋顶光伏潜力相关研究相对较多，其中最具代表性也最为简单的就是于2002年由国际能源署光伏项目组提出的，利用统计得出建筑类型、人均可用面积、屋顶利用率以及气象数据等相关数据进行国家级别的光伏潜力估算，并对国际能源署成员国的建筑光伏应用潜力进行了测定[90]。但由于该方法相对简单，缺乏对于遮阳以及屋顶形式等复杂因素的考虑，因此随后有诸多研究者对其数据进行了进一步提升，比较具有代表性的包括：2008年，Izquierdo等人[91]通过人口、建筑数量及密度、土地利用信息等规划参数，结合阴影系数等估算出西班牙可用屋顶面积。2010年，Ordonez等人[95]通过对西班牙安达卢西亚地区的住宅类型特征进行统计，估算出适宜安装光伏组件的屋顶面积，并结合区域太阳辐照特点以及光伏组件技术参数计算出安达卢西亚地区住宅建筑屋顶的发电潜力。同年，Wiginton等人[96]通过对样本采样区域屋顶面积的统计，利用人口数据将采样区域的数据进行了拓展，估算出加拿大安大略省的屋顶光伏应用面积。2014年，Košir等人[97]对于斯洛文尼亚的既有住宅建筑体块类型进行了总结，根据布局、密度、建筑朝向以及设计形式进行评估，提出了7种不同的布局以及建筑类型，并利用Sketchup软件的插件SHADING对其中不同建筑类型的立面以及顶面的太阳能可达率进行了统计，但未考虑光伏组件的效率等因素。2015年，Byrne等人[98]利用政府提供的CAD图纸对样本区域的建筑类别以及建筑屋顶可应用面积进行统计，并利用样本光伏组件可应用面积与建筑占地面积的关系估算了整个韩国首尔地区建筑屋顶光伏应用潜力。2016年，Horváth等人[99]提出了一种根据建筑类型确定大规模城市地区建筑光伏潜力测评的方法，根据城市内住宅建筑屋顶特征等信息对住宅进行分类，对每种类型建筑屋面最大光伏发电潜力、太阳能热水应用最大潜力进行评估，最后利用该方法对于匈牙利德布勒森地区建筑屋顶进行测试，并确认出光伏发电应用以及太阳能热水应用的比例。

国内也有通过统计数据获取几何信息的相关研究。比较具有代表性的研究包括：2010年，中国科学院刘光旭及其团队通过对江苏省建筑密度、建筑占地比以及光伏组件安装屋顶比率进行统计，并结合江苏省用地面积信息，计算得出江苏省屋顶光伏应用面积并估算出发电潜力[100]。2012年，天津大学王晋通过对天津市住宅建筑类型进行研究与分类，并结合选取样本，总结出天津市住宅建筑光伏发电潜力[101]。2014年，同济大学谭洪卫及其团队[102]，通过搭建实验台研究三种常用太阳能光伏系统的转换效率和环境参数的关系，并拟合出光伏效率方程，借助GIS平台的空间分析功能研究我国各地太阳能辐射强度频数和发电潜力空间分布。2015年，Li Ko等人[103]利用Hillshade对样本区域的建筑屋顶遮挡区域面积进行计算，并将采样样本区域测试结果推广到整个台湾省，计算出整个台湾省的屋顶光伏应用潜力。2017年，天津大学张华[104][105]提出了基于控制性详细规划的城市建筑屋顶光伏利用潜力评估方法,利用建筑面积、容积率等信息获取建筑屋顶面积,结合样本数据获取不同建筑类别以及建筑形式的屋顶光伏可利用率,进而对天津市中心城区屋顶的光伏应用潜力进行了评估。

基于统计数据的建筑光伏潜力测评中的几何信息获取方式对宏观尺度的建筑屋顶数据进行统计时,由于缺乏对于整个区域的建筑具体细节的考虑,所以得到的数据为粗略值。总体而言,该方法主要用于对于宏观尺度建筑屋顶光伏组件应用面积的统计,例如国家、省或者城市尺度光伏评估。

2. 基于正射影像图数据获取建筑几何信息的光伏潜力测评方法

基于正射影像图的建筑几何信息获取方式,主要是利用正射影像图对建筑屋顶的几何面积进行统计。其实前文宏观大尺度几何数据统计中,很多样本数据都是依据正射影像获取的,还有很多研究都是利用正射影像图对建筑形式以及建筑分布进行筛选,例如前文中Košir等人的研究[97]就是利用正射影像图对城市住宅分布形式进行了总结,如图1-5所示,为Košir等人利用正射影像图筛选出来的7种典型排布。这类应用正射影像图进行建筑形式以及建筑分步筛选,而没有利用正射影像图直接进

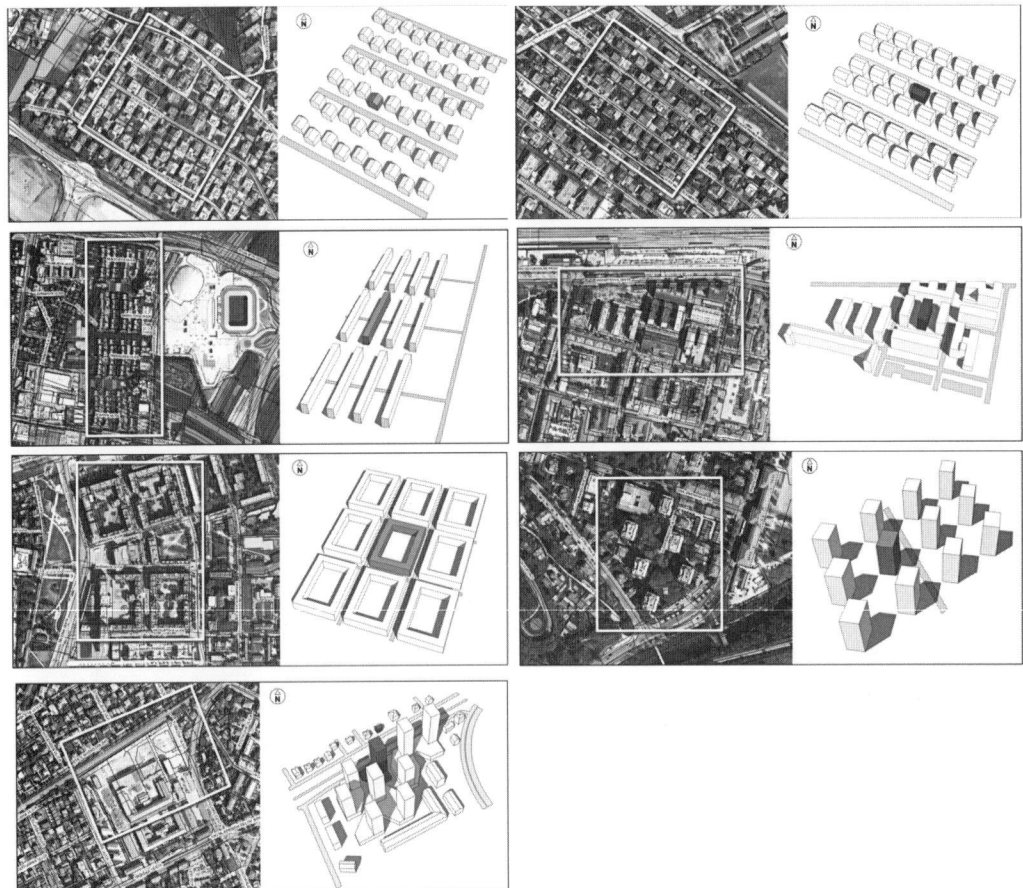

图1-5 基于正射影像获取的住区样本模型[97]

行几何信息获取的方式,在本书中不作讨论。本书所指的基于正射影像图的建筑几何信息获取特指利用正射影像图,通过在GIS内或者其他软件内处理,直接获取几何信息的相关研究。

国外利用正射影像图进行几何信息获取的研究案例并不是很多,其中比较具有代表性的有:Wiginton等人[96]于2010年利用特征分析提取软件FA(Feature Analyst)结合地理信息系统(GIS)对于安大略省样本区域正射影像图进行分析,提取建筑屋顶边界。如图1-6所示,黑色为特征分析提取软件自动输出的建筑物,白色为手动添加。2011年,Vardimon[106]通过与以色列国家土地发展局合作,利用摄影测量获得的正射影像图,结合以色列政府提供的GIS信息库(包含建筑类别),对以色列1200000座建筑屋顶面积进行了获取,之后按照建筑屋顶类型以及建筑类型对其屋顶光伏可利用面积进行了统计,进而得出以色列不同区域的光伏发电潜力。同年,Bergamasco等人[107]利用正射影像图结合GIS矢量数据库,运用目视判别的方法,得出了意大利皮埃蒙特地区每栋建筑屋顶的多边形面积,进而对该地区的光伏应用潜力进行了估算。几个月后,Bergamasco等人[108]改进了之前的方法,提出在MATLAB中完成正射影像图处理(筛选出包括屋顶烟筒、HVAC空调机以及女儿墙等屋顶特征)以及屋顶阴影分析,并用该方法对都灵市约60000栋建筑屋顶光伏潜力按照住宅建筑以及工业建筑的分类进行了评估。

图1-6 加拿大安大略省Cobourg郊区正射影像图处理结果[96]

国内在建筑光伏应用潜力测评中利用该方法进行几何信息获取的研究案例还相对较少，比较具有代表性的是中国科学院Sun Yanwei等人[109]于2013年通过采用快鸟卫星图像（Quick Bird）获取分辨率为0.6m的正射影像图，并结合地理信息系统（GIS）以及屋顶利用系数等参数，对福建省建筑屋顶光伏应用潜力进行评估。杭州电子科技大学的徐福圆在导师章坚民的指导下[110]，利用区域与边缘线段分析相结合的分析方法对Google Earth遥感卫星影像图中的建筑物屋顶外轮廓进行提取，统计其建筑屋顶光伏组件发电潜力。

基于正射影像图的建筑屋顶几何信息获取主要还是集中于区域尺度的建筑屋顶光伏潜力测评当中，同时也作为大尺度宏观屋顶光伏潜力测评中样本参数获取的一种途径。该方法对面积以及屋顶设施进行了相关考虑，因此相比于基于城市规划参数进行信息获取的方式，精度有所提高，但仍无法将周围环境对建筑的遮挡进行量化，依旧只是估算，并且该方法也无法对建筑立面几何信息进行获取，只能用于建筑屋顶的光伏潜力测评估算。

3. 基于网络交互平台的光伏潜力测评方法

本书中基于网络交互平台的光伏潜力测评，与前文中先获取建筑屋顶几何信息，再进行光伏潜力测评的方式不同。该方法是指借助网络平台进行建筑屋顶光伏应用面积的统计以及光伏潜力测评的一种交互式数据提供与应用方式。其中网络交互平台可以利用网络接口，通过可视化的方式评估光伏应用潜力，进而结合地理信息系统生成太阳能地图，可以查询或者上传建筑几何信息。现如今，欧洲、非洲、亚洲部分区域以及美洲部分区域都已经开通了网络交互平台用以进行光伏潜力测评。其中，比较具有代表性的是Huld等人[111]~[113]开发的PVGIS系统，用户可以通过输入建筑朝向、坡度、光伏组件类型、所在地等特征数据，输出光伏潜力以及每天辐射量等信息。除了PVGIS系统外，由美国可再生能源研究所的Freitas等人研发[114]的PVwatts可以通过输入项目所在位置、朝向等相关信息，对美国的建筑屋顶光伏应用潜力进行计算，同时，该系统还可以输出经济效益等，并且已经推广到世界各地。2016年GeoModel Solar公司正式发布了SolarGIS工具[115]，可以提供太阳能资源评估以及光伏模拟数据服务，并可以利用iMaps对影像地图中的气象数据进行获取。我国该领域研究起步较晚，相关成果中比较具有代表性的是阿波罗光伏[116]。该公司提供了网上交互的光伏组件潜力测评系统，可以依据正射影像图进行屋顶绘制，并选取屋顶形式以及材料等，进而获取建筑屋顶光伏发电潜力，图1-7为阿波罗DAT产品截图；同时，也可以直接输入面积等相关信息进行光伏潜力测评。

基于网络交互平台的建筑光伏潜力测评通过输入气象条件、安装面积或者光伏组件装机容量、光伏组件类型等多个参数，对宏观尺度的建筑光伏应用潜力进行估算，但无法获取周围环境对于建筑的遮挡等不利影响。

随着手机网络的发展以及网络数据库的进一步完善，利用该方法对宏观尺度或者区域光伏潜力进行估算将更具优势，例如阿波罗光伏依靠手机端推出了阿波罗光

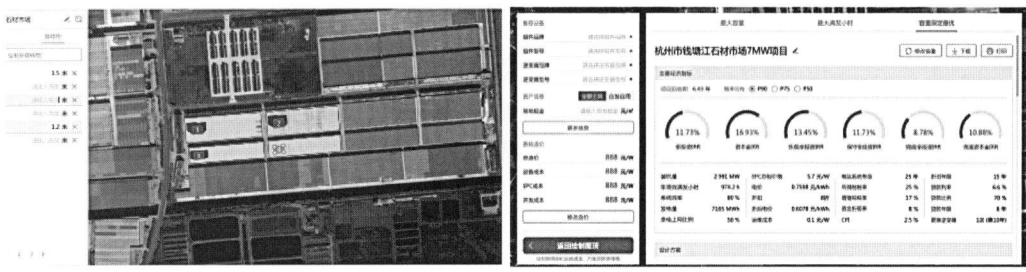

图1-7 阿波罗DAT产品截图
（图片来源：阿波罗光伏网站）

伏资源快评微信小程序[117]，可以在其中通过输入屋顶面积、屋顶形式、项目电站类型等相关信息，获取光伏发电潜力以及经济效益等，如图1-8所示。

4. 基于LiDAR获取建筑几何信息的光伏潜力测评方法

从前文所述的三种建筑光伏潜力测评方法，都因为无法准确地获取建筑周围环境的高程数据，只能采用样本数据的方法[118][119]或者对正射影像阴影评估的方法[120]对建筑周围环境高程数据进行估算，存在较大的误差。并且，前文中所提的三种方法在进行屋顶光伏潜力测评中也无法准确对屋顶日照情况进行反映与模拟，只可进行估算，无法满足技术潜力层级的需要。而基于三维激光扫描技术（Light Detection And Ranging，简称LiDAR）的建筑几何信息获取方式则可以对建筑以及建筑周围环境进行全面的获取，制造一个完整的光伏潜力模拟环境。三维激光扫描技术是指利用三维激光扫描仪通过激光原点发射激光到待测物体表面并反射，借助三维激光扫描仪内精密时钟控制编码器获取点的测距观测值、横向扫描观测值、纵向扫描观测值，进而获取每个空间点的三维坐标，最终获得空间场景的大量点坐标数据，也就是点云，完成对于空间几何信息的获取工作。该种方式具有自动化水平高、精度高

图1-8 阿波罗光伏资源快评微信小程序截图
（图片来源：阿波罗光伏网站）

（厘米级精度）、数据处理速度快、对于现场还原度高以及无须直接接触待测物体表面等优点。因此，LiDAR被广泛应用到建筑遗产保护、考古以及建筑测绘等领域的几何信息获取中。

如今对建筑屋顶以及建筑立面光伏应用潜力的研究中最为主要的建筑几何信息获取手段就是利用LiDAR获取建筑及其周边环境的三维点云，进而利用地理信息系统（GIS）等软件进行区域或者单体建筑的光伏潜力测评。其中比较具有代表性的研究有：葡萄牙里斯本大学的Redweik及其研究团队成员，利用三维点云对于区域建筑光伏应用潜力发表大量研究成果[120]~[125]。该团队2013年发表的文献[120]中提出了一种用于计算城市建筑屋顶以及建筑立面光伏应用潜力的方法，即著名的SOL算法，该方法基于LiDAR建立数字表面模型（Digital Surface Model，简称DSM），利用气象数据信息进行太阳能辐射模型建立，计算建筑阴影面积以及天空开阔度（Sky View Factor），并对建筑屋顶、立面以及地面进行直接辐射以及散射辐射分析（空间分辨率为1m，时间分辨率为1h），进而获取区域建筑光伏应用潜力，并对于葡萄牙里斯本大学校园进行了方法测试与验证。随后，该团队又针对更大尺度的地区与城市规模中的建筑屋顶以及立面光伏应用潜力测评方法进行了研究，并于2014年发表了文献[121]，其中依旧选择机载激光扫描仪进行数字表面模型的获取，利用地理信息系统（GIS）以及SOL算法对于建筑屋顶以及立面光伏潜力进行分析，并且借助地理信息系统可以将测试结果上传至网络数据库。2017年，该团队针对之前研究中葡萄牙里斯本市的两个研究案例中的年发电量与当地人口的电力需求进行了比较研究，从经济回收的角度分析了建筑光伏应用方式与经济回收周期的关系[122]。除了葡萄牙里斯本大学研究团队外，斯洛文尼亚的Lukač等人的科研团队也有大量对于建筑光伏应用潜力的研究成果[126]~[130]，其中参考文献[126]中基于LiDAR对城市地形以及建筑周围环境进行获取，结合地理信息系统（GIS）生成数字高程模型（Digital Elevation Model，简称DEM），以及太阳辐射与散射辐射数据，对建筑物周围植物以及环境对于屋顶的阴影进行计算，确定出不同建筑屋顶的适宜安装光伏组件区域范围以及光伏组件屋顶安装形式。随后，参考文献[127]在之前研究[126]的基础上进一步改进，依旧利用LiDAR获取环境信息，并将光伏系统效率等相关因素以函数的形式进行计算，进而得出建筑屋顶光伏应用技术潜力，并与实际运行中的系统数据进行对比，确认了方法的可行性。与葡萄牙里斯本研究团队相似，2015年，该研究团队也将测试区域内建筑屋顶的光伏潜力值与建筑实际能耗进行匹配，以辅助完成未来建筑屋顶光伏应用后的电网调控[128]，同时该团队还利用LiDAR进行区域环境几何数据获取，并将其引入对建筑设计形式的确认当中，比较不同形式建筑的屋面光伏应用潜力[129]。美国麻省理工大学（MIT）的Jakubiec等人[131]提出了一种利用GIS与LiDAR获取城市三维建筑体量模型，并利用DaySIM软件进行太阳辐射模拟的城市尺度光伏应用潜力测评方法，同时在进行光伏潜力模拟中考虑了光伏组件的效率，并用实际测试数据对该方法结果进行了验证，该团队还利用该方法为17000栋建筑屋顶建立了美国马萨诸塞州剑桥市光伏潜力地图。英国利兹大学的Jacques等人[132]提出了一种针对大尺度城市区域低分辨率LiDAR数据下建筑屋顶光伏潜力测评方法。加拿大滑铁卢大学的Li等人[133]提出了一种基于地理资源分析支持系统（Geographic Resources Analysis Support System，简称GRASS）与LiDAR进行信息获取，利用R.Sun日照辐射算法的建筑屋顶地理潜力测评方法，并用该方法对美国旧金山市进行了光伏潜力模拟。除了以上这些研究成果外，奥地利的Jochem等人[134]、新西兰的Vosselman等人[135]、美国的Kodysh等人[136]、德国的Kassner等人[137]、匈牙利的Szabo等人[138]也都采用了基于LiDAR的建筑几何信息获取方式进行建筑屋顶光伏应用潜力测评。

我国在基于LiDAR数据的建筑光伏潜力测评方面的研究还相对较少，比较具有代表性的是北京大学张显峰教授团队利用LiDAR数据以及Quick bird数据进行城市点云的获取，并利用编程手段与OPENGL图形处理接口实现了LiDAR与GIS的对接，完成三维模型阴影模拟分析，包括对建筑物的尺度太阳能潜力模型的估算方法[139]、对于建筑周围环境中高大建筑以及树木阴影的模拟[140]，并且借助Eclipse平台建立了建筑光伏应用潜力评价系统，可根据三维模型进行光伏潜力模拟[141]。

综上所述，可以看出基于LiDAR的建筑光伏潜力测评相对于前三种测评方式而言，可以完整地获取建筑周围环境的三维空间信息，因此在进行潜力计算过程中可以全面了解建筑表面阴影等情况，这也使得建筑光伏潜力评估更为精确，并且由于三维激光扫描仪可以自动完成扫描以及建立三维点云，其重建建筑三维空间的速度也较快。但三维激光扫描仪对于扫描范围，即所处角度、距离均有较高要求，例如在地面进行扫描的过程中，建筑顶面的信息就容易出现缺失，尤其是高层建筑，就需要借助机载三维激光扫描仪进行工作。而三维激光扫描仪又是基于极坐标建立，对于工作环境要求较高，轻微的抖动也可能会引起测量数据较大的误差，这就要求飞机的震动尽量小，且尽量平稳。以上这些要求，使得本来就较为昂贵的三维激光扫描仪，还要配合低震动频率的飞机或者无人机，其工作一次花费较高。

5. 基于图像处理获取建筑几何信息的光伏潜力测评方法

本书中基于图像处理获取建筑几何信息的方法，是指基于二维图像进行图像处理或者基于图像进行三维重建获取建筑几何信息的方式，如前文中所述，通过对正射影像进行图像处理的方式获取建筑屋顶几何信息不属于本书所讨论的基于图像处理获取建筑几何信息的范畴，本书所指的方法，特指利用数码相机等获取的二维数字图像进行图像处理而获得建筑几何信息用于光伏潜力测评的方法。其中基于图像三维重建的方式按照不同的算法可以分为基于图像三维点云的方式以及基于图像三维几何的方式。按照图像获取方式的不同，可以分为基于近景摄影图像三维重建以及基于低空摄影图像三维重建。

现如今，国外基于图像处理的方式进行建筑光伏应用潜力测评的相关研究相对较少。其中，最早提出利用摄影测量进行建筑几何信息获取进而估算建筑太阳能潜力的是奥地利维也纳大学的Wittmann等人[142]，该团队于1997年利用摄影测量的方法，对于奥地利维也纳第八区的建筑屋顶几何信息进行了获取，并按照建筑朝向、建筑屋顶形式等进行了分类，统计屋顶面积，测算了建筑屋顶太阳能潜力。2014年Catita等人[121]提出在进行建筑三维信息获取中，除了可以采用LiDAR外，还可以利用航空摄影进行图像获取，并利用摄影测量技术获取建筑几何信息，完成建筑三维几何模型的建立，进而导入GIS中进行光伏潜力测评。2016年，Szabo等人[138]分别采用基于LiDAR的建筑几何信息获取方式以及基于摄影测量的航空摄影测量方式对于奥地利德布勒森市德布勒森大学区域的建筑几何信息进行获取，分别生成点云，建立DSM模型，进而进行建筑屋顶太阳能潜力评估，其中航空摄影测量选取了DJI Phantom quadrocopter无人机配合GoPro Hero 3相机进行获取，并通过比较两种方式的测试结果，得出两种获取方式结果近似的结论。相对而言，基于LiDAR的方式获取数据的分辨率更高，但基于摄影测量的方式性价比更高。

我国在该领域也有一些尝试，参考文献[143]中提出了一种基于图像三维几何重建对单体建筑光伏应用潜力进行评估的方法，该方法借助Imagemodeler软件获取建筑几何信息，并结合Ecotect软件以及PVSYST软件进行光伏潜力模拟，该文献中对此方法的准确度进行了验证，并对于不同建筑尺度的图像获取方式进行了讨论，确定出不同尺度建筑所适合的图像获取方式。

基于图像处理获取建筑几何信息的建筑光伏应用潜力测评方法作为一种建筑几何信息获取方式是适合的，尤其是基于图像三维重建的方式，不论是航空摄影还是地面近景摄影，都可以获取建筑及其周边环境的三维信息，如图1-9所示，其中接近地面区域的信息由于树木遮挡等因素可能不方便获取，但建筑光伏应用设计中接近地面区域的立面本身就不适合应用光伏组件，因此基于图像处理的建筑几何信息获

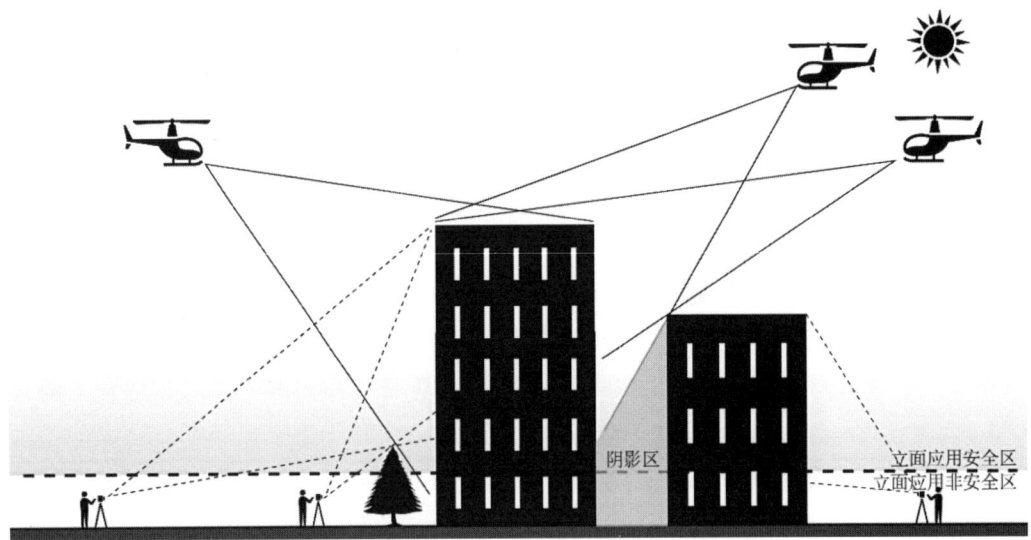

图1-9 基于图像三维重建方式适用性分析

取方式在建筑光伏潜力测评当中是适合的。其中,基于摄影测量获取建筑几何信息的结果与运用LiDAR方式获取的结果相比精度略差,且由于是迭代算法生成点云模型,其生成点云过程虽用时较长,但性价比更高;而基于图像三维几何重建的方式获取建筑几何信息,其优点在于数据处理较快,可以将图片直接转为三维几何模型,但对建筑形态的要求较为苛刻,同时也无法对周围环境中树木等非规则几何形态的设施对建筑的遮挡情况进行模拟。

除了以上五种方式外,还可以直接利用建筑设计或者规划设计图纸进行光伏潜力测评,该方法在实际项目当中运用较多,比较具有代表性的是2013年天津大学建筑学院张豪估算了天津大学新校区内建筑立面以及屋顶潜力[144],该方法是依靠Sketchup建立三维模型,并利用ECOTECT对建筑屋顶以及立面进行模拟,对可应用面积进行统计,进而利用PVSYST软件进行潜力模拟。该方法精确度较高,但对于大尺度区域操作起来较为复杂,耗时较多,而且并非所有项目都可以调取图纸,同时图纸也缺乏建筑周围的环境信息,例如树木的三维空间信息等。除了基于图纸的方法,随着Sketchup软件插件Skelion的产生,在建筑三维模型上进行太阳能辐射分析变得更为简单,越来越多的建筑设计师以及工程师采用该软件进行日照模拟,并对小尺度建筑群进行光伏潜力测评。

综上所述,可以看出不同的建筑获取方式适用于不同的建筑光伏潜力测评,其中基于LiDAR的建筑几何信息获取以及基于图像处理的建筑几何信息获取方式均可以对建筑立面的光伏技术潜力进行较为精确的评估,基于正射影像进行建筑几何信息获取的方式可以获取完整的屋顶信息,但是无法准确评估周围环境的高程数据,只能进行估算,可用来进行建筑屋顶地理潜力的测评。基于统计数据的建筑光伏潜力测评可以根据样本数据对建筑屋顶以及立面的地理潜力以及物理潜力进行估算。整体而言,基于LiDAR获取建筑几何信息进而进行建筑光伏应用潜力测评的方法精度最高,也最为全面,但该方法的花费较高,尤其是借助航空平台的方式。

1.2.2.2 国内外非建筑建成环境光伏应用潜力测评研究现状

建成环境中非建筑光伏应用潜力的相关研究相对于建筑光伏应用潜力要少很多。随着国际能源署光伏项目组Task7中对建成环境光伏应用的重视以及越来越多的建成环境光伏应用案例的产生,越来越多的国内外研究者关注起建成环境中非建筑光伏应用潜力研究。本书对其中比较具有代表性的潜力测评研究进行归纳,主要集中在以下几个领域:道路光伏应用潜力以及复合式光伏应用中的停车场光伏应用潜力、光伏农业景观等,也有对于整个区域的光伏应用潜力测评的相关研究。

在道路光伏应用潜力测评中,比较具有代表性的如下:2013年,印度的Sharma等人[145]提出了在印度高速公路上方进行光伏组件铺设的设想,并指出通过道路上方光伏应用,在产生能源的同时具有降低道路磨损维修费用、延长车辆轮胎寿命、提供就业机会等多方面优势，并且该团队借助正射影像图以及PVSYST软件对于艾哈迈达巴德-拉杰科特高速公路以及公路上空光伏应用潜力进行了评估。2016年，荷兰Shekhar等人[146]开发了光伏道路能量产出的理论模型，结合温度以及太阳辐射等影响因素，对其光伏应用潜力进行了估算。瑞士Nordmann等人[113][147]针对道路路旁光伏隔声栏的光伏应用潜力进行了实际测试，并对瑞士以及德国的高速公路光伏隔声栏项目进行了梳理。巴基斯坦的Jaffery等人[148][149]从能源需求以及能耗的角度对于巴基斯坦的道路光伏应用进行了展望。我国在道路光伏应用潜力测评方面成果相对较少，其中李相昌等人[150]提出我国的高速公路上方光伏应用潜力巨大，并以光伏组件单元的形式进行了简单估算。天津大学张玉坤教授团队利用PVSYST软件对兰新铁路进行了光伏潜力测评，并总结了道路光伏应用的优势[151]，同时该团队还针对道路光伏应用的光环境[152]以及声环境[153]影响进行了相关研究，确定出适宜道路上方使用的光伏组件安装形式。

对于停车场光伏应用潜力的研究大部分都是针对利用光伏组件对停车场内电动汽车进行供电方面潜力的研究，尤其是随着人们对电动汽车越来越重视，进一步促使更多的人开始研究停车场光伏应用在电动汽车供电（S2V模式：Solar to Vehicle）方面的潜力。其中比较具有代表性的如下：美国的Birnie[154]利用美国新泽西典型气象日中太阳辐射数据，假设停车场铺设14%转换率的光伏组件，分别估算了夏季以及冬季15m²停车位的光伏应用潜力，并对不同季节的电动汽车通勤范围进行了统计。同年，加拿大的Williamson等人[155]以美国车辆一天通勤平均距离为35～40英里❶，作为光伏潜力标准PHEV-40（需要满足混合动力车一天的行驶里程不低于40英里，PHEV：Plug-In Hybrid Electric Vehicle），进而估算了加拿大艾伯塔省满足一辆车所需要的光伏组件面积，在12月气象条件下进行模拟，需要约78m²光伏组件，而在夏季可将多余电量进行并网售电。2011年，列支敦士登的Neumann等人[156]利用停车场的全景图像获取了弗劳恩费尔德停车场的天空开敞度（SVF），进而估算了城市48个停车场的光伏潜力，并得出其可以满足15%～40%城市公路客运量需求的结论，图1-10为获取停车场光伏组件可用空间所用的基于图像的处理方法摄影获取天空开敞度截图。2016年，美国的Krishnan[157]在其硕士论文中提出一种利用正射影像图以及地理信息系统（GIS）确定停车场适宜光伏组件应用区域的停车场光伏车棚应用潜力测评方法，进而计算美国所有沃尔玛超市的停车场光伏应用技术潜力以及经济潜力。

除道路以及停车场光伏应用潜力研究外，1996年，Abbate-Gardner[88]总结了8个城市开放空间光伏应用的案例，并描述了未来城市建成环境光伏应用的前景以及简单估算。2014年，美国斯坦福大学的Hernandez等人[158][159]综合土地环境、水资源、土地覆盖变化、生物多样性、土壤等多方面因素，基于Carnegie能源模型以及环境兼

---

❶ 1英里≈1609米。

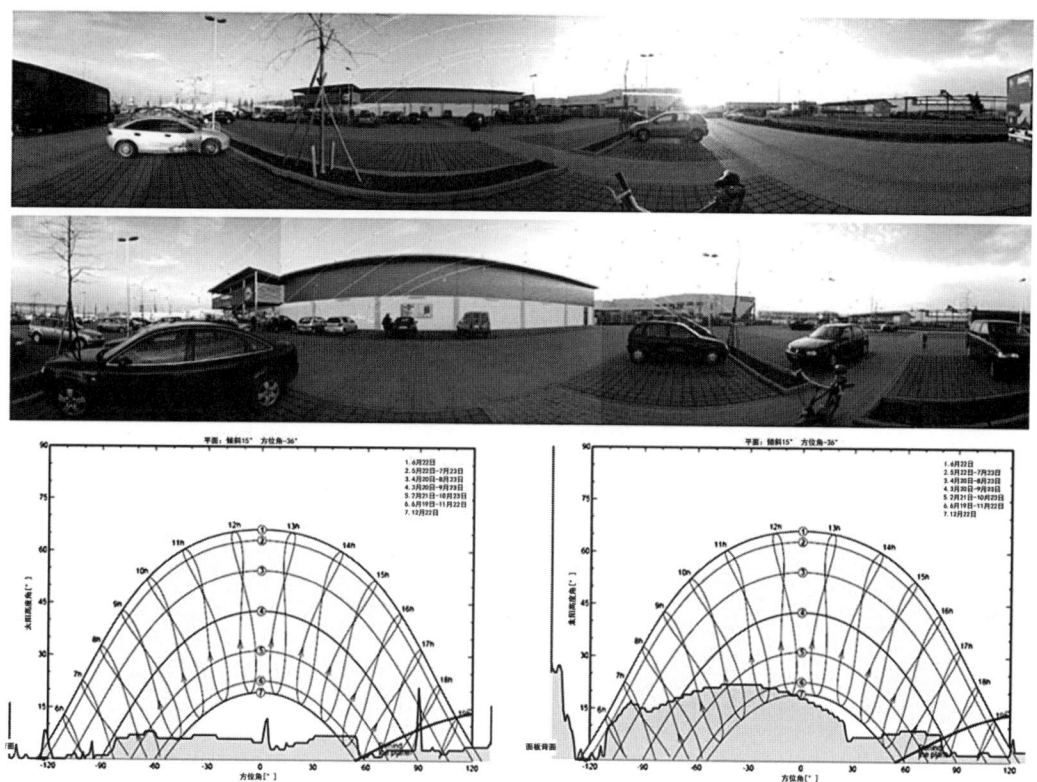

图1-10 运用基于图像的处理方法获取停车场光伏组件可用空间[156]

容模型对加利福尼亚州的建成环境光伏应用物理潜力进行测评,并对现有的160多个项目进行了评估。同年,印度的Harinarayana等人[145][160]除了提出针对印度高速公路的光伏应用潜力测评[145]外,还针对印度农业用地的光伏应用方式提出了建议,并依据不同的光伏应用方式对测试区域做了简单的光伏应用潜力以及经济潜力估算[160]。

综上所述,非建筑建成环境光伏应用潜力测评方法与前文的建筑光伏应用潜力测评方法相近,总结下来大致包括:基于正射影像图的光伏潜力测评方法、基于统计学数据的光伏潜力测评方法、基于图纸或者现场测量的光伏潜力测评方法以及基于图像处理的光伏潜力测评方法。

1.2.2.3 建成环境光伏应用潜力测评方法研究现状

通过前文对于建成环境中建筑光伏应用潜力测评以及非建筑光伏应用潜力测评研究中光伏潜力测评方法的归纳可以看出,随着光伏技术的发展,建成环境光伏应用越来越受到重视,对于建成环境光伏应用潜力的研究也越来越多。

相对而言,国外在建成环境光伏潜力测评领域的研究更为丰富,不论是建筑光伏应用潜力还是非建筑光伏应用潜力,同时方法也更为多样化。我国在建成环境光伏应用潜力方面的研究仍较少,尤其是非建筑建成环境光伏应用潜力测评领域,还停留在物理潜力测评，缺乏对于区域尺度的建成环境光伏应用地理潜力或者技术潜力的相关测评研究。

国内外对于建成环境光伏应用潜力测评的研究，仍然主要集中于建筑光伏应用潜力领域，在非建筑领域建成环境光伏应用潜力测评方面的研究仍然较少。尤其是城市内建成环境光伏应用潜力方面，其环境往往更为复杂，包括城市基础设施以及生态基础设施等多方面因素需要考虑。而现如今可以全面、准确进行建成环境光伏应用潜力测评的方法主要还是基于LiDAR的建成环境光伏应用潜力测评技术，该方法虽然可以获取高精度且全面的几何信息用以潜力测评，但设备造价较高；同时，其他几种方法对于建成环境中日照以及基础设施等约束条件的考虑较少，并且均无法准确、完整地获取建成环境中的三维几何信息。因此，缺少一种造价较低的建成环境光伏应用潜力测评方法，该方法不仅仅适用于建筑，还适用于其他复杂建成环境光伏潜力测评，并且对于约束条件有更为完善的考虑，同时，对于建成环境光伏应用潜力的测评方法也缺乏总结与归纳，这将是本书第4章的研究重点。

1.2.3 光伏应用热环境影响研究

1833年，英国科学家Luke Howard通过测试发现伦敦城市中心气温比周边乡村气温高，并将其进行发表[161]。世界各国的天气气象数据均有类似的现象，例如纽约、芝加哥等，农村地区气温相对于城市市中心区域温度更低[162]。1982年，温哥华不列颠哥伦比亚大学的Oke将这种现象定义为城市热岛效应（Urban Heat Island Effect）[163]。随着光伏应用技术越来越普遍，光伏应用对城市热岛效应以及区域热环境影响的相关研究越来越多，在此本书对现有的相关研究现状进行梳理与总结。

如今光伏应用对热岛效应影响的分析可以分为两个方向：一方的研究成果表明光伏应用可以缓解城市热岛效应；另一方的研究成果则相反，表示光伏应用会使得城市热岛效应更为严重，下面本书将对两方向的内容进行讨论与分析。

1.2.3.1 缓解城市热岛效应方向的研究

有部分研究表明，在城市环境中大规模部署太阳能光伏系统可以有效地缓解城市热岛效应，并指出减少城市热岛效应的一些原因，比较具有代表性的相关研究如下。

2011年Dominguez等人[164]通过测量以及建模模拟的方法对屋顶光伏应用对建筑隔热的影响进行了研究。选取了美国加州圣地亚哥的一个建筑屋面，利用红外热成像仪、表面温度探头以及空气温度探头对光伏组件所在区域、屋顶未安装光伏组件区域以及屋顶室内面温度进行了测试。图1-11为测点布置示意图，测试结果显示白天屋顶处热通量减少，而夜间逆转，光伏下方天花板温度比暴露温度要高，并且说明了光伏组件

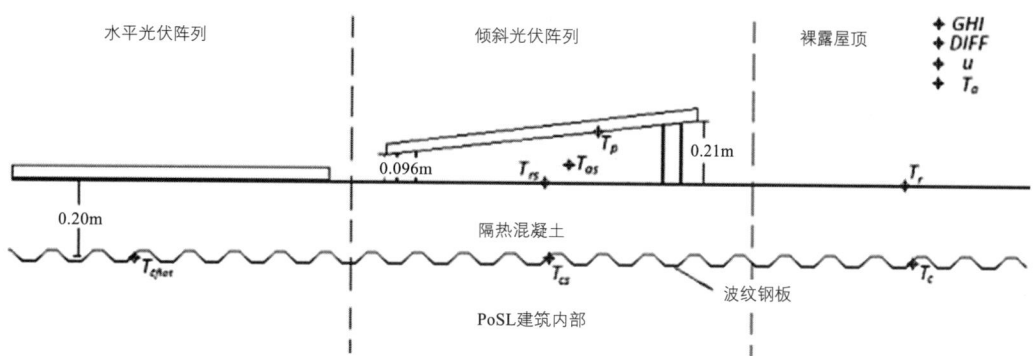

图1-11 Dominguez等人实验屋顶垂直横截面以及测点布置示意图[164]

的隔热性能；随后还利用数学模拟的方法进行了模拟，得出全年可以降低制冷负荷的结论。

2011年，Millstein[166]等人从反射率的角度针对降温屋面、路面以及光伏阵列对辐射效应（Radiation Forcing）的影响，分析了美国各地的气象变化，并得出光伏阵列对夏季的对外辐射没有明显影响的结论。

2011年，Scherba等人[167]利用Energyplus模型对美国休斯敦、洛杉矶、纽约、波特兰、芝加哥、明尼阿波利斯等六个城市的不同屋顶类型进行了模拟，屋顶类型包括黑色、白色屋顶以及不同屋顶与屋顶绿植和光伏组件应用的组合，以分析不同气候条件下光伏屋顶应用对城市环境净热通量的影响。整个实验过程中还利用俄勒冈州的一个实际测试平台对软件的准确度进行了分析。最后模拟结果表明利用光伏组件的屋顶的净热通量有所降低。

2013年，Taha[165]以洛杉矶为例子进行气象模拟，结合光伏组件的反射率以及转换效率分析光伏组件对于城市的降温效果，并提出随着光伏组件转化效率的升高，对于城市大范围的热环境不会带来不利影响。

2014年，Masson[169]利用模拟的方法，提出太阳能光伏或者光热的应用可以将巴黎的近地面气温白天降低0.2℃，夜间降低0.3℃。

2014年，Kapsalis等人[170]通过实验测试的方法对建筑屋顶光伏应用进行测试，如图1-12所示，测试得出的结果显示，在白天光伏板下方的屋面温度低于没有光伏板的屋面温度10.7~16.2℃，夜间则正好相反，并指出夜间情况不同的原因是夜间暴露屋顶表面的长波辐射损失增加。同时对于空气温度的测试以及表面温度的测试显示，在太阳辐射最强的时间段内，光伏组件上表面温度高于下表面温度13~15℃，并给出了光伏组件可以吸收大量热量并且发电的结论。随后利用TRNSYS进行软件模拟，并分别验证了软件内气象数据与典型气象年（TMY）辐射数据的准确性以及光伏组件在最大功率点（MPPT）时的光伏组件温度，进而利用TRNSYS模拟了屋顶光伏应用的遮阴以及冷却效应。仿真结果表明，在夏季光伏组件对于屋顶的遮阴作用明显，屋顶光伏可以有效地降低建筑制冷能耗。

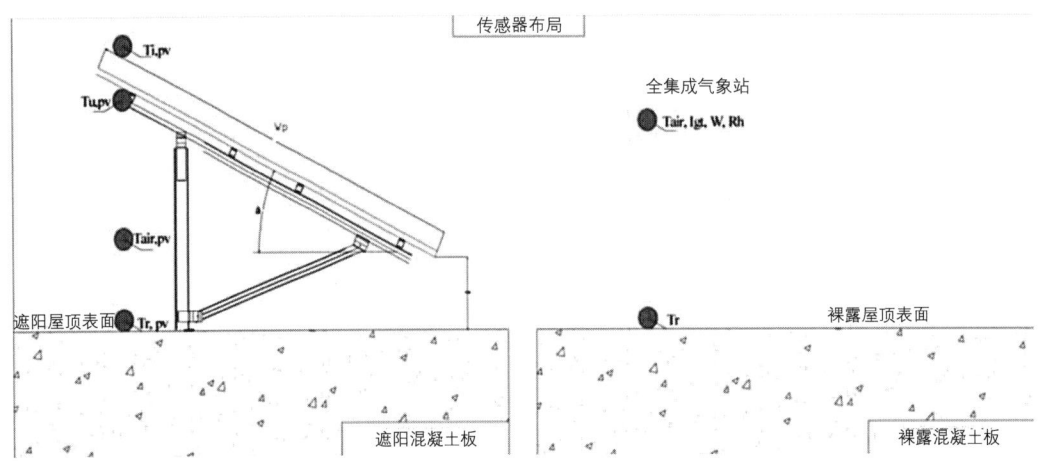

图1-12 Kapsalis等人实验的探头布置示意图[170]

2016年，Efthymiou等人[168]在雅典建立了一个光伏路面（PV Pavement）实验平台，测试光伏路面的相关热环境参数，并利用ENVIMET软件对一个街区进行模拟，得出光伏路面比传统路面温度低，同时除去所产生电能的影响，还将降低城市的环境温度。

2016年Salamanca等人[171]对美国亚利桑那州的两个主要城市——凤凰城和图森市屋顶太阳能光伏应用在夏季对近地面的影响进行模拟测试，并提出在太阳能光伏屋顶的最大覆盖率（100%）情况下，近地表温度白天降低0.2~0.4℃，夜间降低0.4~0.8℃；屋顶表面温度白天降低0.4~0.8℃，夜间降低0.1~0.4℃。在太阳能光伏屋顶覆盖率高（75%）情况下，仍然有显著的结果，近地表温度在白天降低0.1~0.3℃。在夜间，菲尼克斯地区的近地表温度降低了0.1~0.3℃，图森地区降低了0.1~0.4℃。在太阳能光伏屋顶的低覆盖率（25%或50%）情况下，光伏组件在白天使近地表温度降低了0.1~0.3℃。在夜间，光伏组件对菲尼克斯没有显示出显著的影响，但表现出对图森的冷却，地表温度降低了0.1~0.4℃。最后，研究人员在特定的范围内通过计算近地表气温差异的次数（表示为频率百分比）来估计其模拟的弹性。因此，在昼夜循环期间，近地表温度冷却时间占比为69%，这说明缓解策略足以降低近地表温度。而当光伏屋顶覆盖率为25%时，减少近地表温度冷却时间仅占比58%，因此不太能够降低热岛效应。

中国天津大学的王一平教授团队对于光伏组件对城市热岛效应的影响也做了相当多的研究。田伟等人[172]~[175]对城市内光伏应用对于城市冠层微气候影响进行研究，采用PTEBU模型（光伏组件热性能、电性能、建筑能耗以及城市冠层能量平衡模型进行联动分析）模拟的方法。研究表明建筑光伏组件应用可以明显改善城市热岛效应，尤其是随着光伏组件效率的提升以及通风流道的使用，城市热岛效应将大幅度降低，并且文章还提出建筑光伏组件的应用可以降低城市人为热，尤其是夏季。

从以上综述可以看出，国内外大量研究人员都采用了测试结合模拟的方法对城市光伏应用可以改善城市热环境进行了论证。

1.2.3.2 加重城市热岛效应方向的研究

从前面的研究中可以看出，有很多国内外学者都提出城市光伏应用可以有效缓解城市热岛效应，虽然这些缓解策略听起来很有希望，但整体而言，大部分研究都是运用模拟的方法进行研究说明，而实际上，还有部分负面的研究成果，也有一些从更大尺度的角度进行模拟分析，得出相反的研究结果。

2015年，Li等人[176]通过对加州地区的模拟得出：大量的建筑屋顶光伏应用可能导致低层大气自净能力降低，从而使污染物混合，结果可能会对城市环境的空气质量产生潜在的负面影响。

2016年，Chatzipanagi等人[177]在瑞士卢加诺对BIPV不同光伏组件倾角（30°与90°）、不同光伏组件材料［非晶硅（A-Si）与晶硅（C-Si）］以及不同的安装方案［作为双层玻璃单元（DGUs）完全集成与通风］进行了监测。通过建立简单的NOCT（Nominal Operating Cell Temperature）以及ECT（Equivalent Cell Temperature）模型，计算正在运转过程中的光伏组件的空气流道内温度。最终发现，全面的建筑一体化设计方案会带来环境温度的升高；性能方面，不考虑安装角度，只考虑能源方面，C-Si集成安装比A-Si集成或者通风情况要差，并最终得出90°是当地光伏组件最佳的安装倾角。

2016年，Barron-Gafford等人[178]在*Nature*子刊*Scientific Report*上发表研究成果，提出光伏组件的应用会改变原有场地的反射率、植被等，进而影响太阳能辐射。该团队采用实际测试的方法，对沙漠生态系统地块、传统建成环境地块（包含建筑物以及停车场）以及一片大面积光伏电站进行综合比较测试。如图1-13所示，测试地点选在亚利桑那大学科技园太阳能试验区内，该地区属于半干旱沙漠地区。该测试比较了每个测试站点地面上方2.5m的空气温度，最终发现光伏电站的年平均空气温度为22.7℃+0.5℃，而沙漠区域的年平均空气温度为20.3℃+0.5℃，并且指出每月以及每天均存在温度差异，光伏应用区域温度总是高于另外两片区域。光伏安装区域夜间的平均气温为19.3℃+0.6℃，而附近的沙漠区域则为15.8℃+0.6℃，并且指出在温暖季节的效果更为明显，在春夏两季，光伏安装区域平均气温为25.5℃+0.5℃，停车场地块为23.2℃+0.5℃，而附近的沙漠生态系统地块为21.4℃+0.5℃，总体光伏应用区域比野外的空气温度高3~4℃。这个研究成果与其他模拟说明光伏组件应用会降低环境温度的研究成果相反。

2017年，中国科学院的科研团队[179]对于青海格尔木地区的一个大型太阳能电厂以及没有光伏的沙漠进行了对比试验，如图1-14所示，通过对土地表面温度以及空气温度的对比，发现光伏组件应用区域5~80cm的温度日均值明显低于没有光伏组件

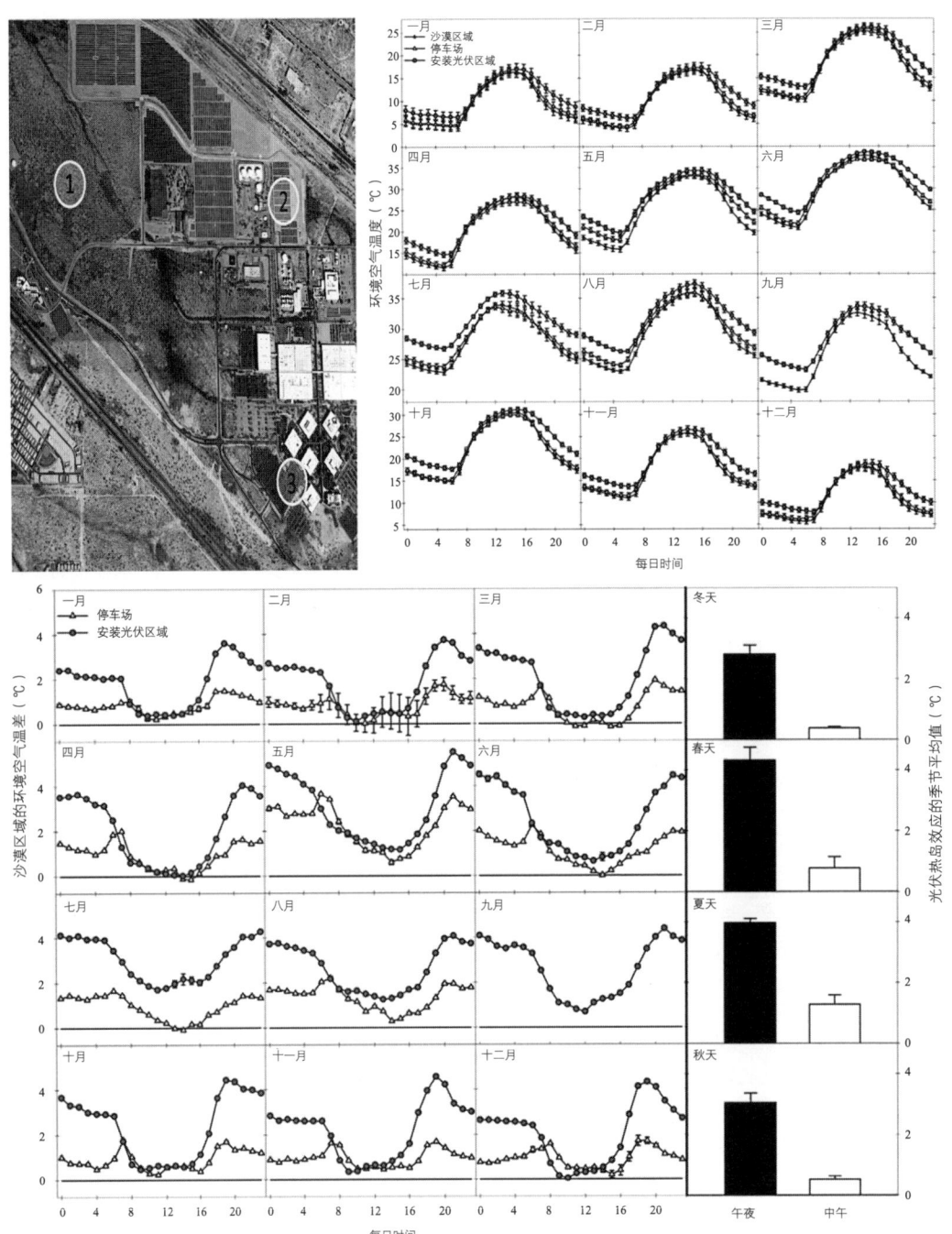

图 1-13 Barron-Gafford 等人实验测试场地以及测试结果[178]

的区域。而在 2m 高的空气温度的对比试验中，不同季节结果不同，冬季白天空气温度基本相同，其他季节白天空气温度均是光伏地区高于没有光伏的地区，夏季最高；在夜间则一年四季均是光伏应用区域空气温度高于没有光伏的区域。

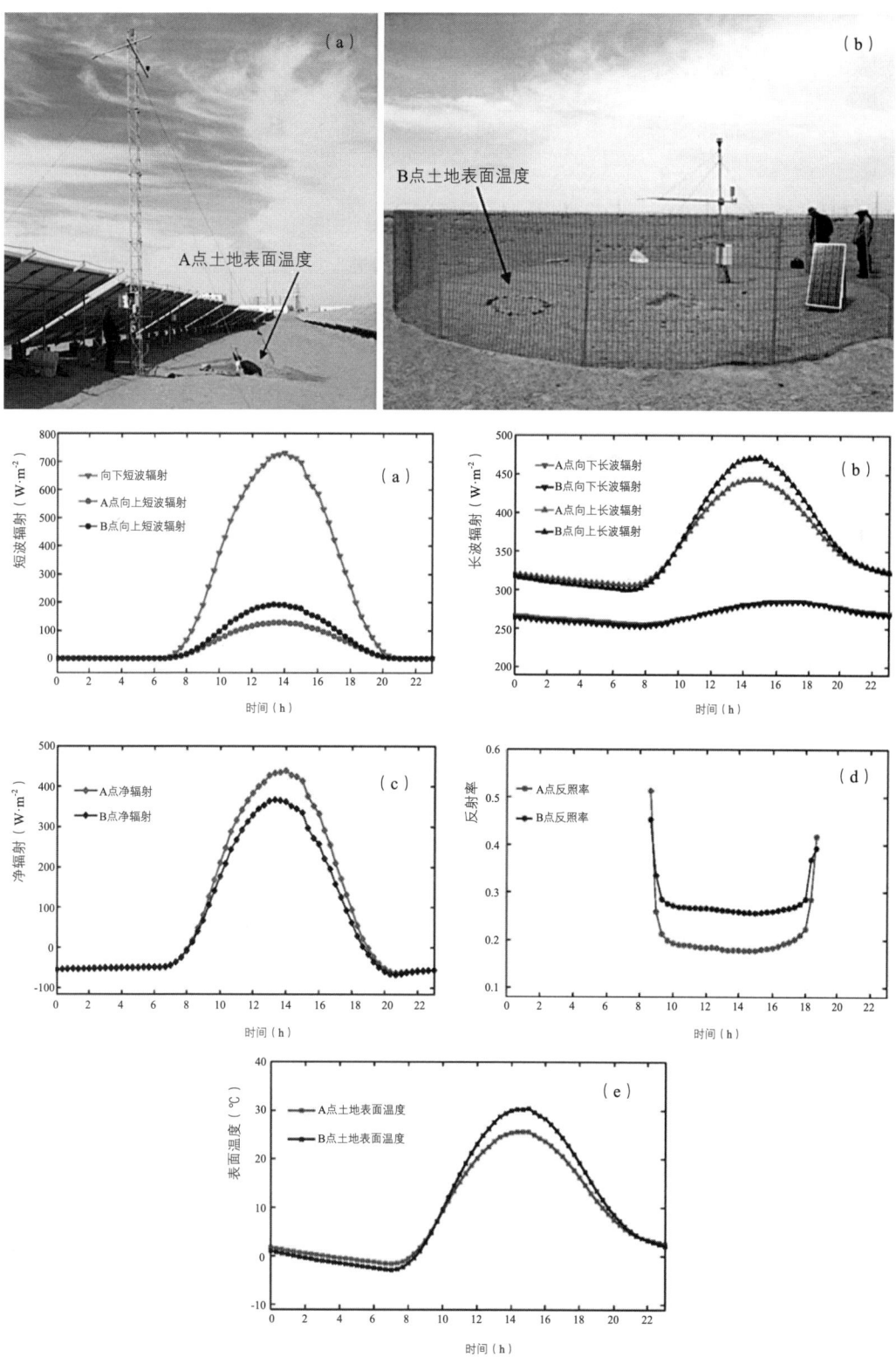

图 1-14 中国科学院的科研团队测试的探头布置以及测试结果[179]

从以上光伏组件应用会加重城市热岛效应的科研成果中可以看出，大部分科研成果均为实验测试，同时后两者测试地点均为干旱、炎热地区。

1.2.3.3 现有研究的"矛盾性"与"局限性"

从前文研究现状中，可以看出研究的结论主要分为两大类，一类主要是利用模拟的方式对大面积建成环境光伏应用的热环境进行预测，并得出建成环境光伏应用对区域热环境不会产生不利影响的结论；而另一大类的研究，则主要是对大面积建成环境光伏应用进行长时间的实际测试，得出的结论是建成环境光伏组件会造成区域热环境的不利变化。整体上来看，现有研究具有一定的"矛盾性"。但实际却是两种并不相同的情况，换而言之，目前建成环境光伏应用热环境研究还存在局限性。

提出建成环境光伏应用对于区域热环境有影响一方的测试地点，均为半干旱地区，环境较为特殊，同时测试多发生在城市郊区；而建成环境光伏应用对于区域热环境没有影响或者可以改善城市热环境一方则主要是利用模拟的手段进行测试，其中Dominguez等人[164]以及Kapsalis等人[170]进行了实际的测试，但比较值得注意的是Dominguez等人[164]的研究主要关注于屋顶光伏组件应用对室内环境的影响，而不包括光伏组件对室外环境影响的测试；而Kapsalis等人[170]的实验研究测试了光伏组件上下表面温度、屋面温度以及空气温度，但是光伏组件上下表面温度测点的选择欠妥。原因在于，普通的光伏组件都是存在边框的（双玻组件除外），实验中对测点的布置过于偏向边界处，光伏组件边框往往为金属边框，在白天会吸收太阳辐射，所以在边框周边的测点所测出的光伏组件温度是否就是光伏组件板面以及板背的实际温度，这点存在疑惑；除此之外，以上相关研究测试过程中并未明确光伏组件是处于开路还是处于闭路，这点也存在疑惑。如此来看，目前的研究是存在一定的"局限性"的。因此，需要对于测试过程中开闭路设置对于实验数据影响以及探头布置等进行重新考虑，弥补前人实验研究所存在的局限性。

与此同时，前人研究当中不同屋面形式与区域热环境温度场的比较研究较少，仅有Scherba等人[167]对不同屋面形式中黑色屋面、白色屋面以及屋顶光伏与绿植一体化设置系统进行了检测，但并没有对屋顶绿植、屋顶光伏、混凝土屋面对区域热环境的影响进行比较；而对于不同光伏组件类型以及安装方式的区域热环境的比较，也仅有Chatzipanagi等人[177]针对建筑光伏一体化应用中的晶硅光伏玻璃以及非晶硅光伏玻璃等，对光伏组件后方空气流道内的空气温度进行了实验测试，且该研究着眼于建筑光伏一体化应用中建筑立面应用研究，对于建筑屋顶光伏应用中不同光伏组件材料的比较仍缺失。

综上所述，建成环境光伏应用作为分布式光伏应用的主要组成部分，对于建成环境光伏应用概念的发展、建成环境光伏应用潜力测评方法以及光伏应用热环境影响分别进行了相关文献综述，可以看出，仍缺乏结合最新的光伏应用发展技术以及时代背景，对建成环境光伏应用方式的梳理以及建成环境光伏应用范围、设计方法的相关总结。除此之外，也缺乏适用于建成环境光伏应用潜力测评的高精度、低成本的潜力测评方法的总结，这些都将是本书的研究重点。

1.3 研究内容

本书针对建成环境光伏应用进行研究，在国际能源署光伏项目组Task7的研究基础上，结合目前的建成环境光伏应用方式，探讨未来建成环境光伏应用方式、设计方法、光伏潜力测评方法以及屋顶局部区域热环境影响，进而推动未来分布式光伏应用的发展，辅助能源结构改革。研究内容具体主要分为以下几方面：

1. 建成环境光伏应用概念界定

从建成环境所包含的范围、定义的界定出发，结合光伏应用案例对建成环境光伏应用要素进行归纳，进而重新梳理建成环境光伏应用概念，以及推行建成环境光伏应用过程中所面对的机遇与挑战。

2. 建成环境光伏应用材料与方式选择

结合前文建成环境光伏应用的范围界定，对现有光伏组件材料以及建成环境光伏应用方式进行总结与筛选，提出适于建成环境光伏应用的光伏组件材料类型以及应用方式。

3. 提出建成环境光伏应用的设计方法与流程

结合Task7的研究成果，综合前文提出的建成环境光伏应用中可能遇到的阻碍，提出建成环境光伏应用标准的建议，并依据该标准提出建成环境光伏应用的设计方法，最终总结出包括光伏组件材料、光伏应用方式的选择以及方案评估等阶段的建成环境光伏应用设计流程。

4. 梳理现有建成环境光伏应用潜力测评方法并进行比较

回顾建成环境光伏应用潜力测评方法的发展和现状，并针对不同的光伏潜力测评方法进行分类与比较，提出不同方法的优缺点以及适用范围。

5. 提出两种针对复杂建成环境的光伏应用潜力测评方法并分别进行案例应用

第一种为针对区域停车场的基于正射影像图与GIS的光伏应用潜力测评方法，并以天津某大学校园内停车场为例进行了光伏潜力测评；第二种为基于图像三维点云重建与GIS的建成环境光伏应用潜力测评方法，并对一处停车场以及一处建筑屋顶进行了光伏潜力测评。

1.4 研究方法

1. 文献研读

利用中国知网CNKI（China National Knowledge Infrastructure）全文数据库、SCI（Web of Science）引文数据库、Scopus引文数据库、百度/谷歌网络搜索引擎等文献追踪的方法，对国内外相关文献进行总结与分析，采用文章主题/题目/关键词等方法进行文献搜索，对文献进行筛选，选取更具有代表性的文献进行综述，确定该领域研究现状与发展方向，为本研究提供理论依据和方法借鉴，并由此确定本研究的创新性与可行性。同时对文献进行整理，梳理研究时间、国别、研究方法以及研究结论等内容，完成对研究领域的分类与总结，具体文献研究流程如图1-15所示。

2. 多学科交叉的系统分析

本书研究领域涉及多个学科领域，包括新能源、建筑学、城乡规划学、生态学、气候学、统计学、计算机图像处理等，采用不同学科交叉分析的方法，对建成环境光伏应用领域进行更为全面的综合研究与分析。

3. 数据搜集与统计

利用实验设备进行数据搜集，其中采用的设备包括气象站、无人机、直流电子负载以及数据搜集器（巡检仪）等，并将数据利用数学统计学方法进行处理，按照从总体趋势分析到典型日数据分析的方式进行数据处理与分析。

4. 数学计算与仿真模拟

利用GIS、光伏潜力测评软件（PVSYST）、日照模拟软件、基于图像三维点云重建软件等对建成环境光伏应用潜力进行仿真模拟。

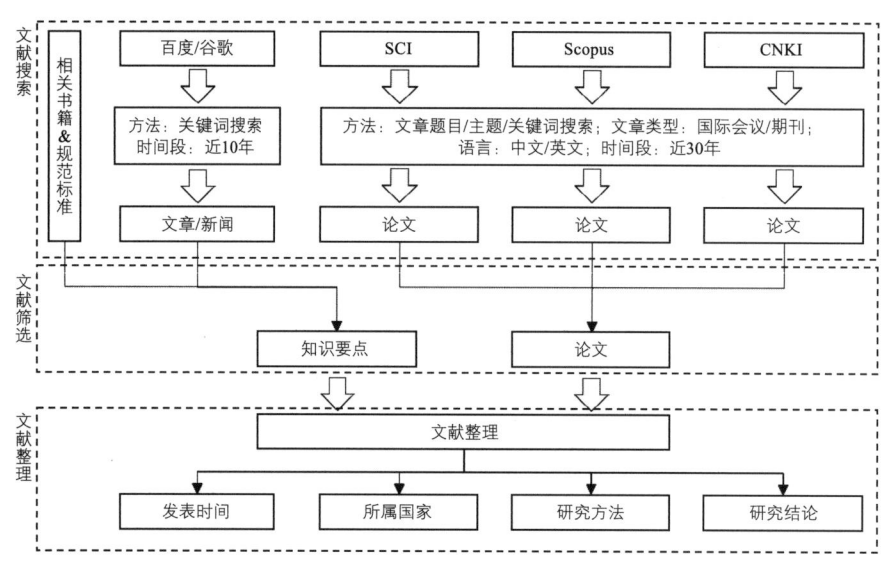

图1-15 文献研究流程

1.5 技术路线

本书在第1章绪论中对建成环境光伏应用的研究背景进行介绍，并对建成环境光伏应用的概念演进、潜力测评方法以及热环境影响进行文献综述。在第2章中结合建成环境光伏应用方式的文献研究，对现有建成环境光伏应用方式从建筑、道路、景观以及其他基础设施四个方面进行总结，进而完善建成环境光伏应用概念。在第3章中对于建成环境光伏应用中的设计建议、材料以及应用方式进行总结，结合第2章的分析，提出建成环境光伏应用设计方法与流程。在第4章中结合第3章中的建成环境光伏应用设计方法与流程，提出基于正射影像图的区域停车场光伏应用潜力测评方法以及基于图像三维点云重建与GIS的建成环境光伏应用潜力测评方法，并结合现有建成环境光伏应用潜力测评方法的文献研究，对不同建成环境光伏潜力测评方法进行比较。最后对全书进行总结以及展望。

具体研究技术路线框架图如图1-16所示。

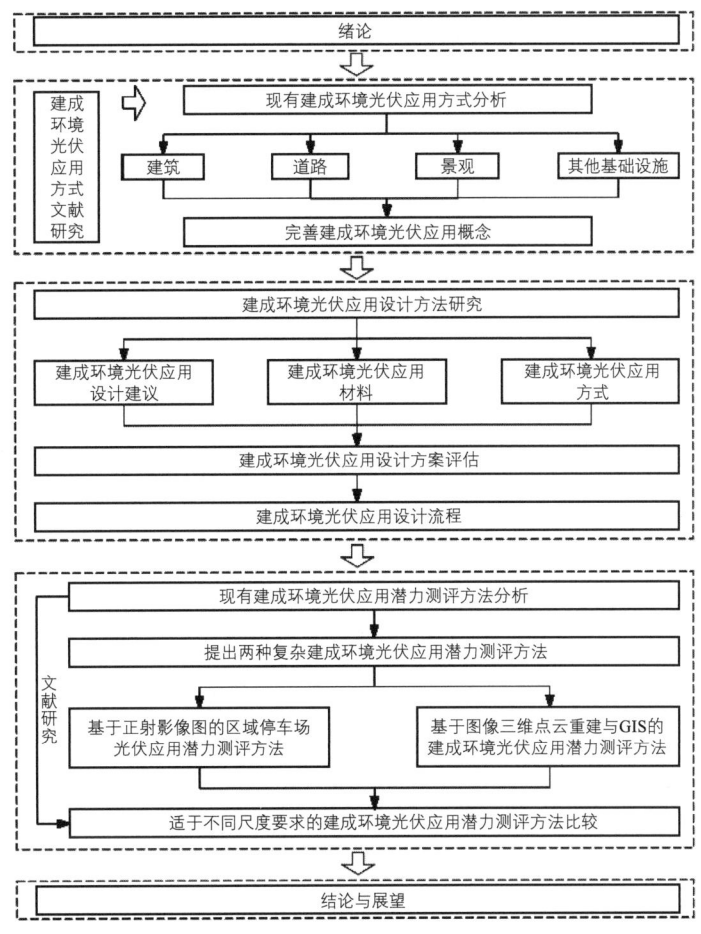

图1-16　研究技术路线框架图

1.6 本书创新点

1. 完善了建成环境光伏应用概念以及设计流程

自1997年国际能源署光伏项目组Task7中提出建成环境光伏应用理念，已经过去了近30年。在此期间，光伏技术以及建成环境光伏应用方式都有了更快的发展，仅仅是将建成环境光伏应用的概念停留在建筑光伏应用、道路隔声光伏应用以及停车场光伏应用领域已经无法诠释现在建成环境光伏应用所代表的范围。因此，结合建成环境的概念范围以及新兴光伏技术的发展，对建成环境光伏应用进行梳理与重新界定，将建筑、道路、景观以及其他基础设施等建成环境光伏应用方式整合入建成环境光伏应用范围中，为未来分布式光伏应用提供更完善的系统化支撑。同时，以落实建成环境光伏应用为目的，以降低建成环境光伏应用对美学环境、社会环境的不利影响为指导方向，提出将"方案评估"增加进建成环境设计流程中，进而最大限度地改善公众对于建成环境光伏应用的消极情绪，促进建成环境光伏应用的推广与实施。

2. 验证了PVSYST软件定面积光伏潜力测评精确度

现阶段已有研究针对定装机容量光伏系统的PVSYST软件光伏发电潜力进行了精确度分析，但建筑师、设计师或者规划师往往是利用可安装面积进行光伏应用潜力的计算，而对于该领域的研究还相对缺失，同时对于PVSYST软件应用过程中的初步设计层级以及项目设计层级也缺乏相关的精确度比较研究。因此，本书结合光伏组件发电量的实际测试数据，对PVSYST软件中初步设计层级以及项目设计层级的软件模拟精确度进行测评，最终确认在定面积光伏潜力测评中，必须选用项目设计层级进行潜力模拟，初步设计层级无法满足光伏应用潜力测评的精确度要求。

3. 提出了两种针对复杂建成环境光伏应用潜力测评方法，并总结与分析了不同的建成环境光伏应用潜力测评方法

近年来，国内外学者在建成环境光伏应用潜力评估领域做了不同层面的研究，其中建成环境几何信息的来源主要分为：基于图纸、基于网络与城市规划参数、基于正射影像图、基于LiDAR以及基于图像处理，本书针对这些方法进行了比较，并提出了两种针对复杂建成环境光伏应用潜力的测评方法，分别是基于正射影像图与GIS相结合的区域停车系统光伏潜力测评方法以及基于图像三维点云重建与GIS相结合的建成环境光伏潜力测评方法，并利用这两种方法分别进行了实际案例应用。其中基于图像三维点云重建与GIS相结合的建成环境光伏潜力测评方法精确度较高，且花费远低于基于LiDAR的建成环境光伏潜力测评方法。

第 2 章　建成环境光伏应用概念演进

本章节主要介绍建成环境光伏应用的概念以及应用范围。该章节分为三个部分进行论述，首先是建成环境概念，对建成环境的概念及范围进行定义与区分；其次对建成环境中的应用要素进行总结，并结合现有案例对建成环境光伏应用要素的应用方式进行归纳；最后对建成环境光伏应用进行概念界定，并分析其中的机遇与挑战。

2.1　建成环境概念

在进行建成环境概念的演进分析前，本章首先对建成环境概念进行学理界定，即基于建成环境概念本源对其学术概念进行阐述与解释，这也是进行学术研究之前必做的一项基础工作[180]。在进行建成环境光伏应用领域研究过程中，对建成环境进行概念学理界定是至关重要的。对建成环境与其他近似概念的区别是什么进行了解，可以更好地完成对建成环境光伏应用范围的界定，更好地适应未来光伏技术发展应用的需要。

本节主要讨论城市环境以及建成环境两个概念。选取这两个概念进行辨析界定的原因在于两个概念均属于光伏可以应用的界面，而且范围类似。对两者进行界定辨析，进而界定本书中建成环境光伏应用的范围。

2.1.1　城市环境

在2010年出版的第六版《辞海》中，将影响城市人类活动的自然环境、经济环境、社会环境以及人工环境等外部条件定义为城市环境（Urban Environment），并指出城市环境是一种高度人工化的，由人类创造的生存环境[181]。在高校城市规划专业指导委员会规划推荐教材《城市规划原理》中将城市环境的定义进行了进一步界定，指出影响城市人类活动的各种自然的或者人工的外部条件均可以称为城市环境。并且书中还从狭义以及广义两个层面对于城市环境进行了定义，提出狭义的城市环境主要指物理环境，包括自然环境、基础设施以及人工环境；而广义的城市环境除了物理环境外，还包含社会环境、经济环境以及美学环境[182]。

从范围的角度而言，相对于建筑学领域常说的建筑环境，城市环境的范围更大，可以说城市环境在城市范围内是包含了建筑环境，也包含了城市景观环境的。从词源分析中，也可以看出城市环境的媒介是城市，即一切围绕城市进行塑造或者存在的环境，包含着城市当中的实体环境以及相关影响，但总体是以城市为核心，乡村或者自然环境并不包含在该范围内。除此之外，不同的定义当中也都强调了城市的非实体属性的重要性，一切城市实体环境的存在都需要同时满足城市非实体环境的属性要求，两者相辅相成，互不分开。

2.1.2 建成环境

建成环境（Built Environment）是指为了人们活动需求而建设配置的人为环境，其包含人类活动、土地使用形态、基础设施以及设计等多因素交互而成的空间环境[183]。建筑与人类学研究领域的专家、美国威斯康星州密尔沃基大学建筑与城市规划学院的Amos Rapoport教授在其代表作《建成环境的意义——非语言表达方法》一书中，最早提出了建成环境的概念[184]。

建成环境与城市环境类似，具有实体属性以及非实体属性两个层级的概念。实体属性下的建成环境通常是指人工所创造的可视的空间环境。非实体属性下的建成环境通常主要包含人们对于建成环境的理解与认知。除此之外，《建成环境的意义——非语言表达方法》一书中指出，建成环境还包含实体属性以及非实体属性之间的实践关系。综上所述，可以总结出建成环境的概念包括实体性属性、非实体性属性以及与其相关的相互联系。《建成环境的意义——非语言表达方法》一书中还将建成环境按照元素属性进行了划分，包括固定元素、半固定元素以及非固定元素。建筑构件以及构筑物等一旦建成，就具有一定的固定性，其随着时间变化不明显的元素，称为固定元素；将景观或者建筑室内环境装饰物等随着时间的变化可能会有一定移动或者转变的物质属性，称为半固定元素；人与建成环境的交互关系以及认知关系，例如发生在建成环境的交流以及其他活动等都是非固定元素。其中固定元素和半固定元素属于实体属性，而非固定元素属于非实体属性，实体属性以及非实体属性认知之间通过非固定元素进行联系，也就是人与环境之间的关系。

建成环境的范围相对于城市环境所处的范围而言，不仅包含了城市范围，还包含了乡村的范畴。但也并不能说建成环境的概念范围更大，原因在于，建成环境强调的是人为干预形成的环境，其中自然生态环境就不在这个范畴之中；而在城市环境的概念中，如前文所述，自然生态环境属于影响城市人们生存的一项元素，所以自然环境也包含在城市环境概念的范畴中，而建成环境中并不包括这个范畴。建成环境在实体属性以及非实体属性方面的界定与城市环境类似，体现出城市规划对人类学以及社会学的关注与关怀。因此，建成环境不仅仅只有冷冰冰的实体属性，还包含着非实体的属性，应该注意建成环境的社会环境、经济环境以及美学环境，形成一个完整的建成环境系统。

2.2 建成环境光伏应用方式研究现状

自1954年,第一块光伏组件被贝尔实验室生产出来。到1958年,光伏技术被应用在太空项目中,为太空中的飞行器供应能源[185]。再到如今,光伏组件可以被应用在各个领域、各种空间,大到广阔无垠的沙漠、连绵不绝的高山,如图2-1、图2-2所示,小到手掌大小的手机充电宝等日用品,如图2-3、图2-4所示。

随着光伏技术的发展,光伏组件的应用方式越来越多样,建成环境光伏应用方式也越来越受到重视,应用案例越来越多。1996年,意大利建筑工作室Oficine di Architettura的Abbate-Gardner[88]教授在光伏领域顶级期刊*Progress in Photovoltaic*上发表文章,提出在公共区域(Open Public Space)和街道家具(Street Furniture)等建成环境中利用光伏组件的前景巨大。这是较早提出建成环境光伏应用并且发表的论文,文中对当时的一些建成环境光伏应用案例以及尚处于方案阶段的建成环境光

图 2-1 库布其沙漠中的亿利生态光伏电站
(图片来源:阿拉善左旗人民政府官网)

图 2-2 浙江省长兴县煤山镇东风岕光伏发电站
(图片来源:阳光工匠光伏网)

图 2-3 光伏充电宝
(图片来源:天极网)

图 2-4 光伏背包
(图片来源:天极网)

伏应用进行了总结，归纳出建成环境光伏应用的一些优点。1997年国际能源署光伏项目组Task7中也提出了建成环境光伏应用的概念，但着重于建筑光伏应用领域[89]。近30年过去了，随着光伏组件技术的发展，建成环境光伏应用已经得到了进一步的发展，也产生了大量的实际应用案例。按照应用地点的不同，大致可以分为以下几个方面：建筑光伏应用、道路光伏应用、景观光伏应用以及其他基础设施光伏应用。下文将从这四方面对当下一些典型的建成环境光伏应用方式进行总结。

2.2.1 建筑

建筑作为建成环境中主要的组成部分，建筑光伏应用如今已经较为普遍，尤其是建筑物能耗巨大，更是促进了大量的建筑与光伏相结合项目的产生。与此同时，由于光伏与建筑相结合有着巨大的市场潜力，世界各个国家从很早就开始了光伏建筑应用相关领域的研究以及实际案例应用。1979年美国SDA公司尝试在屋顶建立了建筑屋顶光伏系统，之后与麻省理工学院合作，于1980年建造了实验房Carlisle House，如图2-5所示，在实验房屋顶铺设了7.5kW光伏组件，这是最早进行建筑光伏应用的项目之一[186]。随后大量的建筑应用光伏组件的项目开始产生，如图2-6所示，并且正式诞生了建筑光伏应用的概念。这种将光伏组件安装在建筑物屋顶或者阳台上的方式称为建筑附着式光伏（Building Attached Photovoltaic，简称BAPV），是光伏系统与建筑相结合的初级形式，也是最为常见的形式。现如今，大量的屋顶光伏应用都属于这种方式，例如天津大学26号教学楼屋顶的光伏应用，如图2-7所示。本书参考光伏技术和应用权威网站（PV-resources）截止于2015年12月的统计结果[187]，

图2-5　麻省理工学院实验房 Carlisle House
（图片来源：solar professional网站）

第 2 章 建成环境光伏应用概念演进

图 2-6　美国丹佛应用健康科学实验室
（图片来源：solar design associates 网站）

图 2-7　天津大学 26 号教学楼屋顶

对建筑屋顶光伏电站装机容量前10名进行了总结，如表2-1所示，可以看出建筑光伏应用发展之迅速。在研究领域，也有大量的基于建筑光伏应用的相关研究，包括技术研究[86]、政策研究（如1.1.3节所述）、应用潜力研究（具体文献研究见1.2.2节）以及热环境研究（具体文献研究见1.2.3节）等。

全球装机容量前 10 名的建筑屋顶光伏电站（截止于 2015 年 12 月）　表 2-1

排名	装机容量/MW	地点	情况描述	并网时间
1	20	韩国，金山	雷诺三基工厂	2012年
2	13	比利时，卡洛	洛格希登城（Loghidden City），Katoen Natie公司	2010年
3	12.5	意大利，帕多瓦	帕多瓦国际港口	2011年
4	12	印度，阿姆利则	RSSB-EES 屋顶光伏系统	2015年
5	11.9	法国，莫伯日	雷诺太阳能项目	2012年
6	11.9	法国，巴蒂伊	雷诺太阳能项目	2012年
7	11.8	西班牙，菲格罗埃拉斯	通用汽车工厂	2008年
8	11	西班牙，马托雷尔	西雅特太阳能基地，西雅特（SEAT）工厂	2013年
9	10.6	法国，弗兰	雷诺太阳能项目	2012年
10	10.5	法国，桑杜维尔	雷诺太阳能项目	2012年

（资料来源：作者翻译自PV-resources网站）

德国于1991年率先提出了建筑光伏一体化（Building Integrated Photovoltaic，简称BIPV）的概念，将原有应用在建筑屋顶的结合方式进行了进一步的提升。通过在建筑物的围护结构上安装光伏组件或者直接使用集成式光伏建筑构件，光伏组件可以直接作为建筑材料进行使用，1980年的Carlisle House[186]其实也属于BIPV。随着技术的发展，现如今光伏建筑一体化系统按照所用材料、功能及其机械特性进行划分，大致分为以下五种：屋顶光伏系统（光伏屋面、光伏瓦片）、半透明光伏系统（玻璃/玻璃组件）、覆面系统（建筑物外墙、幕墙等）、遮阳光伏构件（光伏遮阳板、光伏雨棚）以及柔性系统，如图2-8～图2-12所示，均为建筑光伏一体化产品案例。

图2-8　美国俄勒冈州尤金市俄勒冈大学Lillis商业综合体

利用了透光光伏玻璃幕墙，在发电的同时创造了良好的遮阳以及采光，是BIPV一个典型的成功案例

（图片来源：lewis lease crutcher 网站）

图2-9　中国浙江省某农村自建房屋顶光伏瓦片

采用复合材料作为瓦片基底并与晶硅光伏组件进行结合，做成普通瓦片样式，便于安装

（图片来源：都之彭化工有限公司官网）

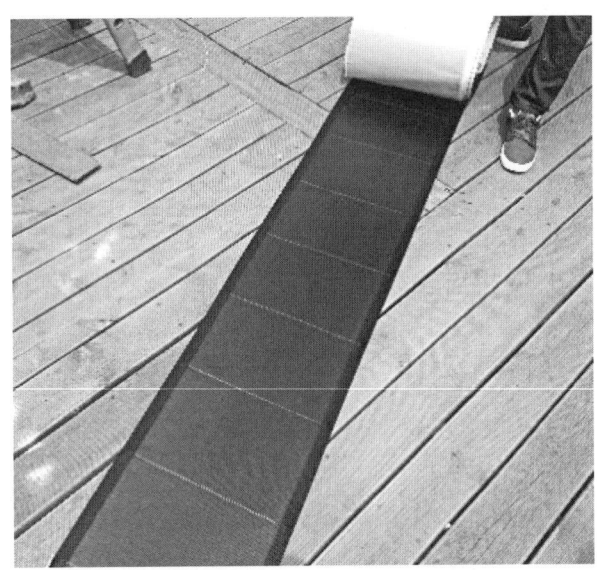

图2-10　尤尼索拉公司生产的柔性光伏组件

图2-11　美国旧金山AT&T球场外部的光伏雨棚应用，PG&E公司[188]

第 2 章 建成环境光伏应用概念演进

图 2-12　美国驻瑞士日内瓦的领事馆外立面光伏应用

（图片来源：US department of state 官网）

建筑光伏应用正在飞速地发展，不论是 BAPV 还是 BIPV，都将建成环境中的建筑作为承载面进行光伏组件的安装，越来越多地出现在建成环境当中。不论是在城市还是在乡村，对于建筑的光伏应用可以大大地降低建筑对于传统化石能源的需求量，减少二氧化碳等有害气体排放，进而改善生态环境。如 1.1.3 节所述，各国都提出了大量的鼓励政策，促进建筑的光伏应用，我国提出了大量光伏扶贫政策，在解决乡村发展困难的同时，还带动了乡村发展，一举多得。

2.2.2　道路

道路作为建成环境中的交通基础设施，不论是高速公路、公路、城市轻轨还是高架桥梁，这些道路及其周边空间的光伏应用很早就开始受到人们的关注，如今已有大量研究和应用案例。按照应用方式不同，大致可以分为三大类：路旁光伏应用、路面光伏应用以及道路上空光伏应用。

其中，最早受到关注的光伏应用方式是路旁光伏应用，主要是高速公路两旁的声屏障光伏应用。众所周知，不论是汽车、摩托还是轻轨，在高速行进的过程中都会产生噪声，对于声屏障系统进行光伏应用不但可以发电，还可以降低噪声对周围环境的影响，降低光伏成本。世界上第一套道路声屏障光伏应用系统建设于 1989 年，TNC 公司在瑞士多马特（Domat）的 A13 高速公路旁建立了 103kW 装机容量的光伏声屏障系统[189]。随后，各个国家纷纷开始了高速公路路边光伏声屏障的建设，尤其是在欧洲，有多条高速公路都进行了光伏声屏障系统改造。参照光伏技术与应用网站（PV-resources）截止于 2015 年 12 月的统计数据[190]，如表 2-2 所示，德国 A3 高速公路声屏障系统装机容量达到了 2.65MW，铺设长度长达 2.7km[191]。我国在 2008 年建设了第一套道路光伏声屏障系统,该系统位于上海市轨道交通3号线,长度为360m,总装机容量为10kW,并进行了城市并网[86]。随后,我国江苏省等地也纷纷建立起了道路光伏声屏障应用系统,同时国内关于道路声屏障光伏的发明与企业产品越来越多。

全球装机容量前10名的道路光伏声屏障系统(截止至2015年12月) 表2-2

排名	装机容量	地点	情况描述	并网时间
1	2.65MW	德国,Aschaffenburg	A3公路声屏障	2009年
2	1MW	德国,Bollberg Thuringia	摩托车道路声屏障	2015年
3	1MW	德国,Töging am Inn	A94公路声屏障	2007年
4	833kW	意大利,Oppeano	S.S. 434 Transpolesana公路声屏障	2010年
5	730kW	意大利,Marano d'Isera	A22公路声屏障	2009年
6	600kW	德国,Freising (Munich)	A92公路声屏障	2009年
7	365kW	德国,Freiburg	B31公路声屏障	2006年
8	283kW	德国,Bürstadt	B57公路声屏障	2010年
9	216kW	荷兰,Amstelveen	A9公路声屏障	1998年
10	180kW	德国,Vaterstetten	铁路轨道声屏障	2004年

(资料来源:作者翻译自PV-resources网站)

除了较早被应用在路旁的道路声屏障光伏应用之外,路面光伏应用以及道路上空光伏应用的案例以及研究近二十年来开始出现。2006年,美国Scott Brusaw夫妇创立的Solar Roadways公司研发了道路路面光伏应用地砖[192]。在美国运输部以及社会筹款的帮助下,于2011年完成了一个停车场的铺设,如图2-13所示。后又于2016年在美国爱达荷州桑德波因特市的杰夫·琼斯镇广场的人行步道上进行了150平方英尺的铺设[193],如图2-14所示。2014年12月荷兰TNO公司协同Imtech和Ooms Civiel公司一起开发了太阳能道路系统(SolaRoad)[194],并且在阿姆斯特丹的一段自行车道进行了铺设,这是世界上第一段建成的公共道路路面光伏系统,如图2-15所示。2016年,Colas公司在法国建立了1km长的公路路面光伏应用案例[195],为周边的交通服务设施进行供电,如图2-16所示。与此同时,法国交通部还计划未来五年建设总长度约为1000km的光伏路面。我国在道路路面光伏应用领域也有相关的尝试,2017年山东省济南市在660m²的全路幅宽度路面铺设了光伏,为周边的交通服务设施进行供电[196],这是我国的第一段光伏路面,如图2-17所示。同时,我国多个光伏企业都在积极开发光伏路面应用系统,例如清华大学智慧城市与智慧交通研究中心等科研机构一起开发研制了"太阳一号"组件[197],并且完成了承重测试。路面光伏应用不仅可以产生电能、减少用电量,同时还可以延长道路的使用寿命,并且在寒冷地区还可以吸收太阳辐射,进而辅助融化道路积雪。对于轨道交通路面光伏应用,也有相关研究,但相对较少,主要为轨道基面的光伏应用,例如Cerar的研究[198]。

图 2-13　Scott Brusaw 夫妇与其研发的道路路面光伏应用地砖合影照[192]

图 2-14　美国爱达荷州桑德波因特市杰夫·琼斯镇广场人行步道

（图片来源：new atlas 网站）

图 2-15　阿姆斯特丹光伏自行车路面[194]

图 2-16　法国光伏公路

（图片来源：wattway 网站）

图 2-17　山东济南光伏道路实验项目以及承重实验图[196]

道路上空光伏应用，相对于路面光伏应用而言，其无须考虑车辆行进过程中的碾轧问题，技术难度相对较小，因此相对而言，道路上空光伏应用的设计方案以及研究相对较多。2010年，瑞典建筑师Mans Tham提出了"Solar Serpent"（太阳蛇）的设计方案[199]，即在高速公路上空铺设光伏穹顶，为周边城市供电，如图2-18所示。同年，在美国纽约市经济发展局委托下，Starr Whitehouse和

Kiss+Cathcart公司为布鲁克林皇后高速公路部分区域提供了一种采用光伏穹顶结合吸声材料以及与葡萄藤等相关植物相结合的设计方案，用以解决道路噪声以及空气污染等问题[200]，如图2-19所示。2011年，比利时铁路管理公司Infrabel和Enfinity公司合作，在安特卫普（Antwerp）和荷兰边界的3.4km铁路上空铺设了1.6万块光伏组件，为火车以及周边基础设施进行供电，这是世界第一段铁路上空光伏应用项目[201]，如图2-20所示。道路上空光伏应用可以减少噪声的影响，在增加道路使用寿命的同时产生能源，因此各国政府都提出了适应本国情况的道路上空光伏应用开发计划，比较具有代表性的是印度以及美国。印度铁路公司于2015年宣布建设太阳能铁路的初步计划；2009年美国提出通过在图森和凤凰城之间轨道交通上空安装光伏板为列车以及周边基础设施提供能源的计划。我国在道路上空光伏应用方面也有相关研究，天津大学建筑学院张玉坤教授及其团队提出了对中国丝绸之路沿线高速公路以及相关道路上空进行光伏应用的想法，并估算了其发电潜力[170]。

图 2-18 "Solar Serpent"道路光伏穹顶设计方案
（图片来源：archdaily网站）

图 2-19 布鲁克林皇后高速公路设计方案
（图片来源：Resilient Red Hook word press网站）

图 2-20 比利时铁路上空光伏应用方案
（图片来源：anthropower网站）

不论是路旁光伏应用、路面光伏应用，还是道路上空光伏应用，对于道路的光伏应用以及研究越来越多地受到各国政府、光伏厂家以及研究人员的关注。道路作为建成环境中交通体系的重要组成部分，该领域光伏应用的可行性已经毋庸置疑。

2.2.3 景观

建成环境中景观光伏应用主要是指人工景观的光伏应用，主要可以分为人造自然景观光伏应用以及人造构筑物景观光伏应用。人工景观按照景观设计的范围划分，强调的是人为制造，不同于城市景观只关注于城市内的景观，建成环境景观不仅包括公园、广场、停车场等，还包括水库以及路边景观走廊，甚至自然景观中的人工景观也包括在这个范畴内。景观光伏一体化（Landscape Integrated Photovoltaic）最早由意大利国家新技术、能源以及可持续经济发展机构的Alessandra Scognamiglio于2016年提出[202]，他将景观光伏的设计利用景观学的方式进行了总结。虽然景观光伏一体化概念的提出相对较晚，但是优秀的景观光伏设计案例已然众多，将它们按照光伏应用的位置，大致可以分为：地面景观光伏应用、水面景观光伏应用以及景观小品光伏应用。

地面景观光伏应用以及景观小品光伏应用已经较为普遍，不论是国外还是国内都有大量的优秀案例。法国Akuo能源公司在留尼汪岛上的圣皮埃尔地区建立了农业能源系统（Agrinergies System），该项目将光伏组件进行了波浪形布置，与原有的柠檬草农田构成了一种"浪"的人造景观[203]，如图2-21所示。2013年，美国布法罗大学与纽约电力管理局（NYPA）等合作建立了太阳能链（Solar Strand）项目，利用3200块光伏组件构建了学校北部校区的入口广场，在创造了一个明显的学校入口的同时，为校区进行供电，并提供一处学生交流、聚会的场所[204]，如图2-22所示。在我国天津中新生态城主干道路两旁约2.87km的道路绿化带中，安装了装机容量约为3.3MW的光伏组件，用于减轻城市用电负担，同时也创造了一片特殊的景观，如图2-23所示。2008年，克罗地亚建筑师Nikola Bašić在克罗地亚扎达尔的海边创作了

图2-21　法国留尼汪岛圣皮埃尔地区的农业能源系统项目

（图片来源：akuo网站）

图 2-22　美国布法罗大学的太阳能链项目
（图片来源：布法罗大学官网）

图 2-23　天津中新生态城光伏电站
（图片来源：天津大学生产性小组）

名为"向太阳致敬"（Greeting to the sun）的地标景观，利用300个光伏组件塑造了一个直径为22m的圆，该系统为周边地区进行电力补充，同时夜间供LED灯照明用电，据说每年该项目减少地区能源需求的三分之一[205]，如图2-24所示。关于景观小品光伏应用的产品则更为众多，比较著名的有以下几个项目。英国零碳工厂建筑事务所设计的光伏树，布置在街景、公园或者公共场所当中，在供人们休憩的同时，可以为手机、电动自行车等相关用电设施供电[207]，如图2-25所示。英国景观规划设计事务所Grant Associates在新加坡滨海湾花园设计了18棵光伏巨型景观树，其中11棵景观树顶部放置了光伏组件，该组件为公园进行照明供电的同时，也为温室的降温系统提供能源，这几棵光伏景观树已经成为新加坡的地标之一，如图2-26所示。1999年，瑞士辛根的太阳能帆（Solarsail）项目作为该市的地标性景观获得了该年度Prix eta+设计大奖，面积85m²的光伏风帆可以为城市每年贡献6500kWh能量[206]，如图2-27所示。美国Spotlight Solar团队设计的景观雕塑产品，设计了四种不同形式以及模式的应用方式，如图2-28所示，可以根据不同区域、不同场所的需要，选取适合场地的景观小品，如今已经应用在多个场所当中，包括校园、公园以及广场等[208]。2015年米兰世博会中，也有大量景观小品应用光伏的优秀案例，其中最为人们所津津乐道的是德国馆的光伏应用方案，如图2-29所示，在步行道的遮阴设施上布置了光伏组件，同时结合了雨水处理等设施。

图 2-24　克罗地亚扎达尔的"向太阳致敬"地标景观
（图片来源：global-geography.org网站）

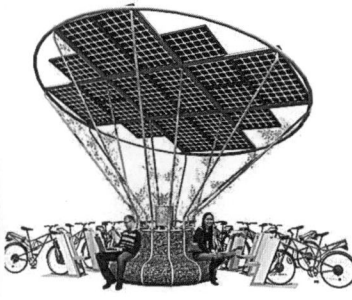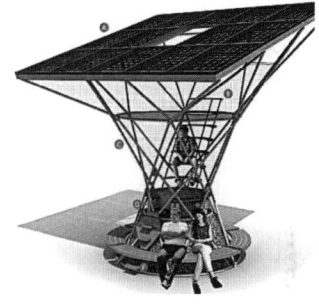

图 2-25　英国零碳工厂建筑事务所设计的光伏树
（图片来源：zedfactory网站）

图 2-26　新加坡滨海湾花园景观树项目

图 2-27　瑞士辛根的太阳能帆项目
（图片来源：treehugger网站）

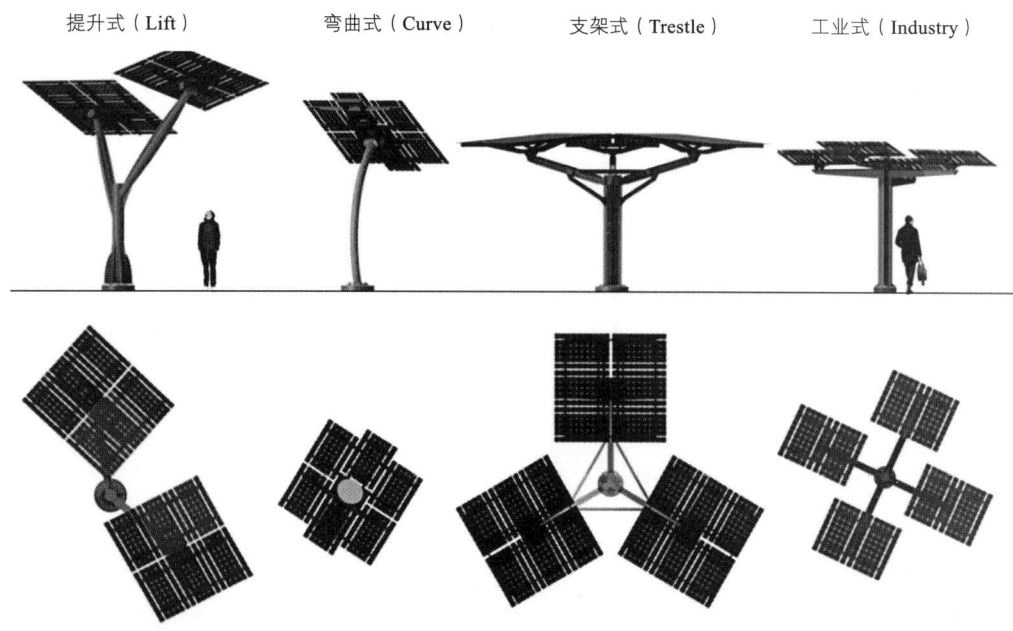

图 2-28　不同形式以及模式的光伏景观雕塑产品
（图片来源：Spotlight Solar 网站）

图 2-29　2015 年米兰世博会德国馆步行道上的光伏组件

水面景观光伏应用现在主要的应用范围是水库或者渔业养殖场等，还有少量水面小品景观装置。其中，比较常见的是水面漂浮式光伏应用（Floating Photovoltaic）和水面固定式光伏应用（Fixed-Mounted Photovoltaic）。水面景观光伏应用的优势在于可以减少蒸发所引起的水量流失，并且增加水资源的安全性，减少水源污染，同时对于光伏组件又可以借助水量的少量蒸发而降低板面温度，进而提升光伏转化效率[209]。水面景观光伏应用的国内外发展水平基本持平。图2-30为意大利佛罗伦萨大学Marco Rosa-Clot提出的水面光伏应用模型[209]。自2010年起,奥地利维也纳工业大学的Markus Haider教授以及Roland Eisl博士就开始研究水面光伏应用,并且成立了HELIFLOAT公司,图2-31就是他们所开发的产品意向图[210]。日本以及印度也都在建设水库水面浮动光伏应用,日本于2015年在西平池建立了1.7MW水面光伏电站(图2-32、图2-33),印度则计划在喀拉拉邦南部建立50MW电站[209],除此之外,日本、中国、意大利等国提出了小面积水面漂浮式光伏应用[211],如图2-34所示。中国除了大力推进水面漂浮或光伏应用在水库、河面以及湖面外,还有大量水面固定式景观光伏应用案例,并且大部分为渔业光伏应用(Fishery and Photovoltaic),图2-35、图2-36为浙江慈溪[212]以及宁波的应用案例[213]。除此之外还有污水处理厂污水处理池上空光伏应用,图2-37为浙江台州7MW污水处理厂光伏电站项目[214]。大面积范围的水面小品景观光伏装置目前还没有,现如今比较常见的是与喷泉景观结合以及装饰性景观小品光伏产品,例如光伏喷泉或者水面漂浮式小型光伏组件,如图2-38~图2-40所示。

图2-30 水面光伏应用模型[209]

图2-31 水面光伏应用产品意向图
(图片来源:energysage网站)

图2-32 日本西平池光伏应用(一)
(图片来源:索比·光伏网站)

图2-33 日本西平池光伏应用(二)
(图片来源:索比·光伏网站)

图 2-34 中国南部安徽省淮南开展的水面漂浮式光伏应用项目
（图片来源：索比·光伏网站）

图 2-35 浙江慈溪渔光互补项目
（图片来源：中央人民政府网站）

图 2-36 浙江宁波渔光互补项目
（图片来源：中央人民政府网站）

图 2-37 浙江台州 7MW 污水处理厂光伏电站项目
（图片来源：索比·光伏网站）

第 2 章 建成环境光伏应用概念演进

图 2-38　光伏喷泉
（图片来源：马可波罗网站）

图 2-39　光伏喷泉组件
（图片来源：1688网站）

图 2-40　水上景观小品光伏产品
（图片来源：皇明太阳能集团官网）

2.2.4　其他基础设施

　　建成环境光伏应用除去前文中所说的建筑光伏应用、道路光伏应用以及景观光伏应用之外，还包括其他一些基础设施，也是可以对其进行光伏利用的。高校城市规划专业指导委员会规划推荐教材《城市规划原理》一书对基础设施进行了界定：基础设施（Infrastructure）指用于确保国家或者地区的社会经济活动得以正常运行的公共服务体系，是为了保证居民生活、社会生产而提供公共服务的物质工程设施[182]。现如今，越来越多的基础设施需要电能进行辅助或者直接供能，这部分基础设施的光伏应用可以减少原先用于远程输电过程中运输线路上的电能损失，尤其是对于远离城市或者乡村地区，其意义更为显著。各国基础设施光伏应用案例均有很多，主要应用包括路灯光伏应用、车辆充电桩光伏应用、光伏垃圾桶等。2007年，英国设计师拉古路夫在伦敦的克勒肯维尔设计周中公布了一款城市LED光伏照明用灯，在晚上照亮St.John广场周围的建筑[215]，如图2-41所示。英国零碳工厂建筑设计事务所同时设计了多款城市光伏应用基础设施，包括城市自行车光伏雨棚等，其中ZED dock就是他们设计的一款自行车光伏充电桩[207]，如图2-42所示，为电动自行车充电的同时也可以供人们休息。

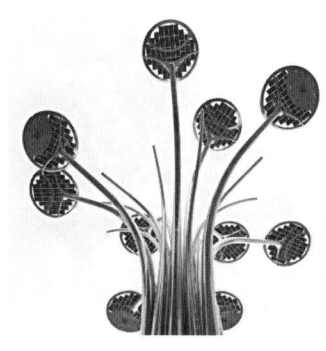  

图 2-41　城市 LED 光伏照明灯
（图片来源：theredlist网站）

图 2-42　自行车光伏充电桩

（图片来源：zedfactory 网站）

目前在我国基础设施中应用最多的就是光伏路灯、光伏草坪灯、光伏庭院灯以及光伏交通灯。大部分都是由光伏组件、蓄电池、控制器以及灯座等组成，由于整体运输和安装，不需要架设输电线路和开沟埋设电线，无需破坏环境，安装很是方便，在公园等地区应用较多，如图2-43～图2-45所示。

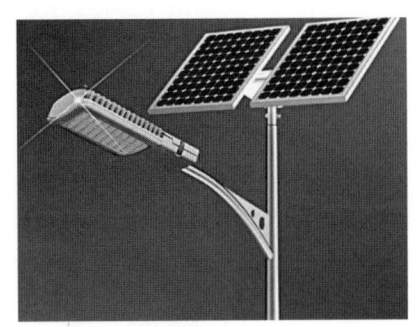

图 2-43　光伏路灯

（图片来源：京东网站）

图 2-44　光伏交通灯

（图片来源：扬州沈创光电集团有限公司网站）

图 2-45　光伏庭院灯

（图片来源：睿日网站）

2.3　建成环境光伏应用概念

从前文中，可以看出建成环境光伏应用案例正在越来越多地出现在人们的身边，不论是建筑光伏应用中的屋顶光伏应用，基础设施光伏应用中的光伏路灯，还是新兴领域中的景观光伏雕塑、道路光伏应用等。近30年前提出的建成环境光伏应用概念已经不符合这个时代的技术特征。以下将从建成环境光伏应用的概念界定出发，讨论建成环境光伏应用的影响以及未来建成环境光伏应用过程中可能遇到的机遇与挑战。

2.3.1 概念界定

建成环境光伏应用的概念于1997年由国际能源署光伏项目组在Task7中被提出。如前文所述，光伏应用技术以及建成环境光伏应用领域都有了较高程度的发展，因此本书将结合现如今的研究背景对建成环境光伏应用概念进行完善与界定。

对于建成环境光伏应用进行界定，首先需要界定在建成环境光伏应用过程中建成环境的范围。狭义的建成环境主要是指物理环境，具体包括建筑、道路、基础设施以及景观，这也是在建成环境当中光伏所要安装使用的实际空间。广义的建成环境除了物理环境外，还包括社会环境❶、经济环境❷以及美学环境❸。建成环境光伏应用在满足光伏应用实体的同时，还应该满足社会环境、经济环境以及美学环境的相关需求。换而言之，建成环境光伏应用并不是用得越多越好，而是应该科学地应用，在不会产生不利影响的情况下进行运用才是重中之重。

对于这个概念，可以用树木进行类比说明。建成环境如同一棵大树，叶绿素如同光伏电池，而树叶如同光伏组件。树叶的叶绿素借助光合作用为树木提供能量，使得树木可以自给自足。建成环境光伏应用，借助光伏组件中光伏电池的光生伏打效应，为建成环境提供能源。除了原理类似外，在应用、美学以及能源配给等方面都有类似之处。首先，在应用方式方面，建成环境并非所有区域都适合应用光伏组件。从产能效率而言，太阳辐射量不足的区域就不适合使用；从功能角度而言，一些不适宜安装光伏组件的区域也不适合，这一点与树木也是类似的，叶绿素往往大量存在于日照条件良好的树叶中，而树叶也会选择日照良好的区域进行生长。与此同时，例如树木根茎处往往不会有很多的叶绿素，原因在于根茎起到的作用为保证树木的能量运输，这些都与建成环境光伏应用类似。叶绿素为整棵大树带来能量的同时，也要选择树叶的位置，并不是随意进行生长，而是因地制宜。其次，从美学角度而言，为了大树自己的发展以及繁衍，树木会改变叶绿素的配比以及树叶的颜色、疏密、高低等，来吸引更多生物辅助，帮忙传播。建成环境光伏应用也是如此，需要充分考虑到光伏组件的色彩、疏密等美学要素，只有这样才能更好地应用在建成环境当中。最后，从能源配给角度而言，大树在生存条件不好的时候会保留优势的树叶，也就是日照条件最佳的树叶，而淘汰欠佳的。建成环境光伏应用亦是如此，当经济环境欠佳的时候，可以优先发展日照条件良好的区域，最大化产能。这些都与建成环境光伏应用异曲同工。光伏组件这个"树叶"使得建成环境这棵"大

---

❶ 社会环境：人类聚居区域在满足人类各类活动方面所提供的条件。
❷ 经济环境：生产功能的集中体现，反映了经济发展的条件和潜势。
❸ 美学环境：环境形象、气质和韵味等外在表现和反映。

树"可以利用太阳能自己生产能源,同时在应用过程中也会依据条件选取应用"树叶"的位置与数量,进而完善整个建成环境光伏应用这棵"大树",使得建成环境不再仅仅是能源的应用方,而同时成为能源的生产方与提供者,进而达到改善环境的目的。

2.3.2 建成环境光伏应用范围与影响

对前文进行总结可以得出,建成环境光伏应用需要考虑到建成环境的实体属性以及非实体属性,本部分内容将进一步详细介绍两者之间的范围与影响。

建成环境光伏应用范围大部分为建成环境的实体属性,在建成环境实体上进行光伏组件的应用或者光伏一体化设计。如前文所述,建成环境光伏应用范围包含四大组成部分:建筑、景观、道路以及其他基础设施。其中建筑光伏应用主要包含:建筑屋顶光伏应用、建筑立面光伏应用;景观光伏应用分为:地面景观光伏应用、水面景观光伏应用以及景观小品(景观构筑物)光伏应用;道路光伏应用主要包括:路旁光伏应用、路面光伏应用以及道路上空光伏应用。本书将交通运输系统中的道路、整个基础设施系统中的建筑单独归类,故将基础设施定义为其他基础设施,即除了建筑以及道路之外的基础设施。对这些基础设施进行光伏应用的过程中,可以应用的区域包括:标示系统、指示系统的光伏应用。

建成环境光伏应用的影响,可以认为是建成环境的非实体属性,即建成环境光伏应用过程中对于社会环境、经济环境以及美学环境的影响。其中,社会环境主要包括社会公众心理、社会活动、娱乐活动;经济环境主要包括就业、产业发展、经济发展条件以及收入水平;美学环境则包括建筑特色、环境形象、环境气质、文化韵味以及文物古迹。以下将建成环境光伏应用的影响按照积极影响、消极影响进行划分,即从机遇与挑战两个方面进行讨论。

2.3.2.1 建成环境光伏应用的机遇

建成环境光伏应用的积极影响主要包含以下几个方面:

从社会环境的角度,建成环境光伏应用可以有效带动光伏以及光伏相关配套产业发展,为社会提供更多的工作岗位以及工作机会,其中不论是光伏组件相关产品的制造过程、光伏组件产品应用中的安装过程、光伏组件从厂家到安装地的运输过程,还是光伏组件安装后的维护过程,都需要大量专业人员进行配合[216],图2-46为现在市场上常见的晶硅光伏组件的产业关系图,从中可以看出对建成环境的光伏应用可以带动包括冶金、光伏产业、相关生产制造业以及服务型产业在内的多个产业。据统计,1MW装机容量的光伏系统的生产、建造、运行以及维护过程平均大致需要30名全职工作人员参与[217]。以此进行推测,倘若对建成环境进行光伏应用,其所带来的就业岗位,将有效解决部分待业人口多的问题。同时,由于建成环境光伏应用

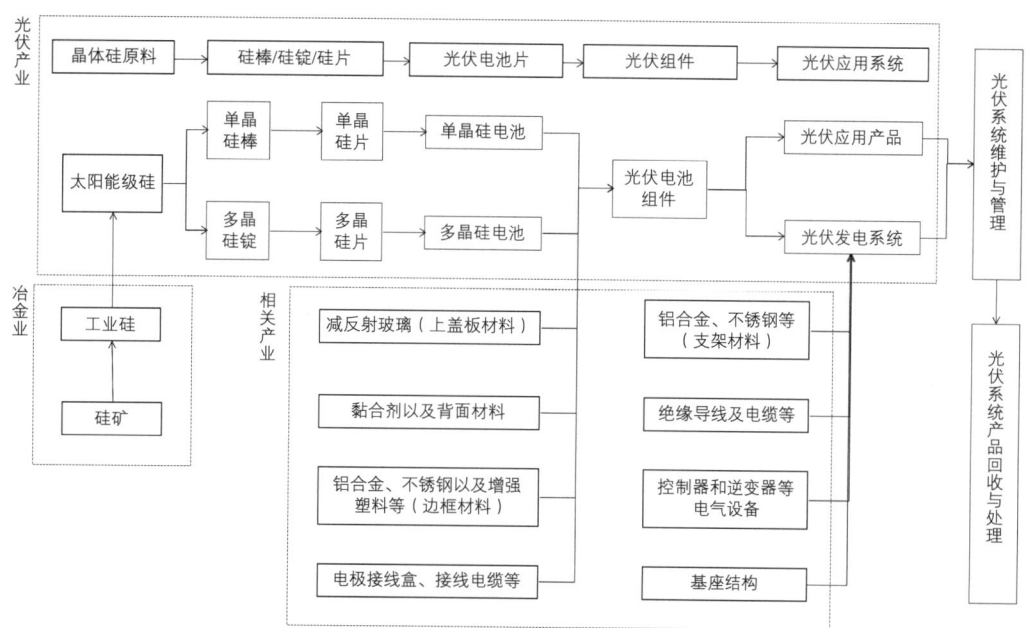

图 2-46 晶硅光伏组件的产业关系图[216]

需要大量的钢材、玻璃、水泥等建设用材，可以大大缓解相关产业产能过剩的情况，增加国力水平[2]。

从经济效应的角度，建成环境光伏应用可以有效地提升区域经济水平，构建良好的经济发展前景。首先，建成环境光伏应用由于可以直接应用于所在区域，可以大大减少电能在输送过程中损失在输送电线上的电量，降低能源成本；其次，在安装过程中实施的税收减免、补助以及其他鼓励措施，提供了经济发展的动力；最后，在应用过程中通过双表计量，对所发电量自用后的剩余电量进行售卖取得经济收益，都将大大提升区域的经济水平，带动区域经济发展。

从生态效应的角度，建成环境光伏应用除了可以减少化石能源使用、节约能源、改善区域能耗水平外，在其发电过程中不会产生温室气体以及有害气体，进而可以大量减少区域碳排放，改善区域生态环境。按国际能源署2008年蓝图情景电力部门的计算结果，预计到2050年，每年可减少二氧化碳排放量2.3G吨[218]。

除此之外，建成环境光伏应用还可以大面积节约集中式电站所需要占用的土地，改善微气候，调整区域夏季用电高峰，保证用电安全。由于其生命周期长，不存在燃料短缺以及运输紧张等问题，也不会受到市场燃料价格的波动影响，其用电质量以及用电可靠性均具有明显优势[219]。

2.3.2.2 建成环境光伏应用的挑战

建成环境光伏应用也存在一些消极影响，其主要包括以下几点：

从美学环境的角度，在光伏应用安装过程中，光伏系统被认定为能源系统，而当系统建成后则成为建筑、道路、景观的一部分，视觉环境的改变以及自然生态环境的改变对原有视觉效果产生了冲击，同时，传统审美思维模式的滞后也阻碍着建成环境光伏应用的推广。

从经济环境以及社会环境的角度，相对应的使用标准、专业宣传以及各职能部门之间沟通的缺失使得原本就较为宽泛、综合性强的专业技术更难以被大众所了解，也更容易产生不必要的误解，造成更多的抵制情绪，不利于光伏市场发展。同时，建成环境的改变，尤其是景观的改变，影响着人们的生活娱乐方式，这也从客观上阻碍着城市建成环境光伏应用的推广。

综上所述，本章结合建成环境光伏应用案例，对建成环境光伏应用的概念、范围、影响进行了界定与分析，并总结了建成环境光伏应用发展过程中的机遇与挑战。

第 3 章　建成环境光伏应用设计方法研究

第2章对建成环境光伏应用进行了定义与总结，概述了建成环境光伏应用范围以及应用方式，同时对社会环境、经济环境以及美学环境的相关影响也进行了相应的分析，并总结出建成环境光伏应用需要充分考虑应用范围以及应用影响。

本章以建成环境光伏应用组件选择以及安装方式对建成环境的不利影响最低化为原则，即充分考虑第2章所述的建成环境光伏应用影响最小化，对建成环境光伏应用方式进行总结，针对不同的光伏应用区域选取适宜的光伏应用方式以及光伏组件类型，并提出在建成环境光伏应用设计过程中需要考虑的问题以及设计操作流程。

3.1　建成环境光伏应用材料

建成环境光伏应用过程中最基本的应用材料就是光伏组件。从光伏组件选择的角度，充分考虑建成环境光伏组件在应用过程中对社会环境、经济环境、生态环境以及美学环境的影响，选取适合当地气象条件以及审美要求的光伏组件。需要选取转化效率更高的光伏组件产品，同时尽量避免选取透光光伏组件，这样可以使对城市区域热环境的影响最小化（这一点在本书第4章测试中也得到了证明，具体参见4.4节），同时高效率光伏组件的单位面积产能更多，也可以使得经济回收周期以及能源回收周期更短，进而将光伏组件对经济环境以及生态环境的不利影响降到最低。本节将对适合建成环境光伏应用的高效率光伏组件类型进行总结，并结合现有文献研究对建成环境光伏应用效率的提高进行技术总结。

3.1.1　晶体硅电池

晶体硅电池是指以晶态硅为原料制作的光伏电池。现如今，晶体硅电池由于生产所耗用的资源储量丰富、产品技术相对更为成熟、电池太阳能转化效率高等优点，其不论是在技术领域还是制造产量上都具有较大成就，是现如今太阳能市场的主流产品。早期的晶体硅电池主要是单晶硅电池（Mono-Si），由纯单晶硅（精度达到99.9999%，也称6N，也有采用99.99999999%精度，也称10N）制成。单晶硅电池片主要呈现单纯的黑色，伴有银色或者黑色导线。其优点在于转化效率较高，根据美国国家能源可再生实验室（NREL）统计[18]，截至2018年7月16日单晶硅光伏组件最高转化效率可以达到26.1%，但缺点在于生产过程较为复杂，生产成本较高。多晶硅电池（Poly-Si）的制作原理与单晶硅电池不同，多晶硅电池利用高纯硅熔化后浇筑成正方形硅锭，然后使用切割机切成薄片，进而加工成电池。多晶硅电池片色彩主要为深蓝色，伴有银色或者黑色导线。多晶硅硅片由多个不同大小、不同方向的晶粒构成，因而多晶硅电池的转化率会低于单晶硅电池，根据美国国家能源可再生实验室（NREL）统计[18]，截至2018年7月16日多晶硅光伏组件最高转化效率可以达到22.3%，但多晶硅电池生产过程简便，因此其制造成本较低，同时又具有较高的转化效率，这促使多晶硅电池成为现如今产量与市场占有率最高的太阳能电池。传统晶硅光伏组件市场占有率最高，在建成环境应用中也更为常见，适合应用于采光较好的区域，但传统晶硅组件颜色通常为深蓝色或者黑色，对于美学环境影响较大，尤其是在城市内大面积应用，因此对于该类型光伏组件的应用过程需要进行充分设计。

根据Shockley-Queisser效率，可知晶体硅光伏组件最大转化效率约可以达到30%，该转化效率是在假设能量大于禁带宽度$E_g=1.1Ev$的光子才能产生本征激发的条件下得到的[220]。如果在硅片中引入量子点、量子阱等纳米修饰技术，或者通过提高光的利用率、提高光生载流子的收集效率、减少电池的内部损耗以及提高内建电场强度等手段，就可以进一步提高晶硅电池转化效率[221]。澳大利亚新南威尔士大学（UNSW）光伏器件实验室通过表面钝化电池、刻槽埋栅电池（Burried Contact Solar Cell，简称BCSC）等将晶体硅电池转化效率进行了提升，但该类电池仍处于实验室阶段[222]。除此之外，通过将p-n结的p区与n区的金属电极设置于电池片背面而形成背电极电池，减少了正面金属电极的遮光面积，进而提高转化效率，该项技术已经被运用到市场化产品中[223]。除此之外，硅基异质结电池（Hetero-Junction with Instrinsic Thin-layer，简称HIT）[224]、异质结硅电池（Hetero-Junction Silicon Technology，简称HJT）[225]、离子注入法制造的晶硅电池[226]以及选择发射极电池[227]等也都属于高效率晶硅电池，但其工艺都相对复杂，造价相对较高，暂时还不适合应用于建成环境光伏应用。

高效率n型双面晶硅电池是现如今市场上常见的一种高效率晶体硅电池，是将硅片正面与反面都设置为可以接受光照，并且产生电压与电流的一种新型电池。该电池的优点在于双面均可以受光发电，接受地面与周围物体的反射光与散射光，进而提高发电效率。同时n型晶体硅具有少数载流子寿命长的优点，而且因为是磷掺杂，硼的含量较少，所以不存在硼-氧复合体引起的发电效率光致衰减（Light Induced Degradation，简称LID）问题。并且实践表明，该新型晶硅电池生产可以在原有常规晶硅电池生产线上改造完成，这也促使大量光伏厂家开始转向生产该种高效率、低衰减的高性能电池[221][228]。n型双面晶体硅电池双面可以发电，具有高效率，可以最大限度降低原有下垫面所接受的太阳直接辐射，改善区域热环境，因此可以应用于大规模地面景观中，也可以应用于建筑遮阳、光伏围栏或者道路隔声墙等双面均可以受光的区域。

黑硅光伏组件是另一种市面常见的高效率晶硅光伏组件，硅片颜色呈现黑色，但该组件的电池材料并不一定是单晶硅，而是将电池表面制作成纳米绒面结构，利用微小的纳米结构加强陷光效果，增加对光线的吸收次数，从而提高电池的转化效率，形成一种基本没有反光的晶硅电池[221][226]。该技术主要应用于多晶硅电池表面，用以解决多晶硅电池长期存在的反射率较高的问题。目前利用反应离子刻蚀法（Reactive Ion Etching，简称RIE）以及金属催化化学腐蚀法（Metal Catalyzed Chemical Etching，简称MCCE）均可以制作黑硅电池，并且已经可以进行工业大规模生产，尤其是金属催化化学腐蚀法与传统晶硅电池的生产方法可以很好地兼容，无须增加过多投入，因此被广泛应用于工业化生产当中，也使得黑硅光伏组件产品价格较为适宜[229]。黑硅光伏组件通过提高电池的短波效应提高转化效率，进而降低原有下垫面所接收到的太阳直射辐射，可以改善区域热环境。因此，黑硅光伏组件可以用于建成环境光伏应用中，尤其是大面积光伏应用项目，但需要考虑到光伏组件色彩为黑色，应考虑其对于美学环境的影响，在设计过程中需要着重考虑，可将该光伏组件应用于建筑遮阳或者建筑屋顶等区域。

3.1.2 硅基薄膜电池

非晶硅（Amorphous Silicon）薄膜电池是硅基薄膜电池其中的一种，具有硅材料用量少、制造温度低、能耗少、成本低等特点，并且可以在玻璃、陶瓷、不锈钢薄板、塑料薄膜等多种材料衬底上进行制备，被多个厂家所关注[221]。但由于单结非晶硅电池转化效率较低，为了提高效率，现如今大部分厂家均采用多结叠层结构硅基薄膜电池作为组件材料，主要包括非晶硅锗体系的双结电池与三结电池，以及非晶硅/微晶硅体系的双结和三结电池。通过采用陷光结构以及叠层结构等可以进一步提升非晶硅电池的稳定性以及转化效率，同时发展高速沉积、卷对卷制造以及连续激光刻划等产业化技术，也可以使非晶硅电池成本进一步下降，制造出转化效率更高的非晶硅电池产品[230]。根据美国国家能源可再生实验室（NREL）统计[18]，截至2018年7月16日非晶硅电池组件最高转化效率可以达到14%。在衬底方面，早期非晶硅电池也常以玻璃作为衬底，但刚性玻璃衬底硅基薄膜电池在光电转换效率方面难以与晶体硅电池竞争，而柔性衬底硅基薄膜电池却可以有更大的应用空间，例如曲面屋顶等，可以更好地与环境进行贴合，因此在建成环境光伏应用中更建议选择柔性衬底硅基薄膜电池。同时，非晶硅薄膜电池的高温发电性能较好，且弱光响应性能也较好（弱光是指直射太阳光比较少或者没有，而散射光照较强的情况，实验表明，非晶硅电池与相同额定功率的晶硅电池相比，每年可以多发电15%～20%）[221]，因此，非晶硅电池可以应用于高温且直射光较少的区域，例如可以作为幕墙玻璃材料或者北坡屋顶光伏应用等。

除了非晶硅薄膜电池外，硅基薄膜光伏电池还包括多晶硅薄膜电池。多晶硅薄膜电池兼具晶体硅电池高效率、长寿命的特点，还可以采用类似于非晶硅薄膜电池的简单制造工艺。该项技术虽已有多个研究单位研发出实验室产品，但还没有开发出工业产品，技术瓶颈在于还未突破35μm高质量多晶硅薄膜的快速制造技术[231]，未来随着该项技术的发展，工业生产会成为可能。

3.1.3　三-五族化合物半导体电池

三-五族化合物半导体电池由于具有转化效率较高、光谱响应特性好、温度特性好、抗辐射特性强等优点，主要被用于太空空间领域。其中比较具有代表性的是砷化镓电池（GaAs），通过金属有机物化学气相沉积（MOCVD）方法可以生产出更为高效的多结叠层电池，其转化率已经可以高于40%[18][232]。但砷化镓电池制造成本昂贵，并且砷是有毒元素，因此在建成环境光伏应用中，考虑到经济环境以及生态环境影响，不适宜选用该类电池。

3.1.4　化合物薄膜电池

化合物薄膜电池的类型较多，目前市场上较为常见的主要为两类，铜铟镓硒（CIGS）电池以及碲化镉（CdTe）电池。该类电池采用光吸收系数大的直接带隙材料制造，只要微米量级的厚度就可以吸收大部分的太阳辐射，进而节省了昂贵的半导体材料[221]。其中铜铟镓硒电池已经有近20年的历史，近年来由于吸收层工艺、设备等技术的发展使成本得以降低，目前市场累计安装量已超过1GW，其转化效率最高已经可以达到22.6%[18]，铜铟镓硒电池是薄膜电池中转化效率最高的，并且性能稳定，不含有毒物质，成本也低于晶硅电池，具有很广阔的应用前景[233]。碲化镉电池生产工艺更为简单，成本也更低，转化效率最高约为22.1%[18]，但由于有毒元素镉和碲的大量使用会污染环境，一直未能大面积应用。随着国际社会多个机构对于该类电池中镉元素的控制与回收，以及新的生产技术以及材料的应用，其在制备与应用中更为环保，装机容量超过5GW，同时碲化镉电池的温度系数小、弱光发电好。但总体而言，考虑到其对于生态环境的影响，例如一些元素会对于环境产生毒性等问题，并且由于价格比较高的稀有元素无法进行大量开采以满足大面积需要等原因，现阶段在建成环境光伏应用中大规模使用铜铟镓硒电池或者碲化镉电池仍需进一步研究。未来通过严格地对这些元素进行生产、回收以及处置，现阶段的困难是可以克服的，该类电池的应用潜力仍然很大。

3.1.5　有机薄膜电池和特种薄膜电池

有机薄膜（OPV）电池是由具有光敏性的半导电有机材料构成核心部分的太阳

能电池，大致可以分为以下三类：单质膜有机电池、p-n结型异质结双层膜电池以及本体异质结电池[221]。但不论是何种类型的有机薄膜电池，由于有机半导体对光的吸收系数较小，并且吸收光谱与太阳光伏配合也较差，有机薄膜电池效率均较低。本体异质结有机薄膜电池的转化效率相对较高，同时制造成本也相对较低，因此是目前主要的研究对象之一，最高转化效率约为11.5%。该类电池的优点在于可以大规模生产并且具有柔软特性，但缺点在于转化效率过低，以如今的技术水平，产品还不适合应用于建成环境光伏应用中。

染料敏化电池（DSSC）主要由纳米多孔TiO_2薄膜、染料光敏化剂、电解质、反电极等部分组成，其发电原理与光合作用原理相近[234]。其主要优势就是原材料丰富、成本低、工艺技术相对简单，适于大面积工业化生产，同时其原材料以及生产工艺都是无毒无污染的，部分材料还可以充分回收再利用，但其转化效率仍然较低，不高于15%，并且还需要解决性能稳定性、密封可靠性等问题[221]，运用到建成环境中还需要进一步对技术进行改进与提升，现阶段还不适合大规模应用。

除染料敏化电池外，钙钛矿型电池[235]、铜锌锡硫系电池[221]、硫化锡电池[236]等特种薄膜电池转化效率也均低于15%，并且还存在性能不稳定等问题，因此，在现阶段建成环境光伏应用中不建议选用这些电池组件类型。

3.1.6 聚光电池和特种电池

聚光电池是指利用反射镜、凸透镜和菲涅尔透镜等各种聚光系统将阳光聚集在电池片表面，加大辐照强度，从而使其输出功率增加的一种太阳能电池[237]。聚光电池的优点在于利用聚光器代替了原有光伏组件的面积，减少了光伏电池的使用量，进而减少了半导体材料的消耗，同时还增加了电池的转化效率。但聚光电池必须配合日光追踪器才可以工作，这也限制了其应用范围。在聚光电池分类中，将聚光比（聚光比是指聚光得到的辐照强度与标准辐照强度的比值）在10以下的称为低倍聚光，10~100的称为中倍聚光，而高于100的称为高倍聚光。较为常见的两种聚光电池分别为：晶体硅低倍聚光电池、砷化镓高倍聚光电池。其中，晶体硅低倍聚光电池主要包括四侧平面反光、抛物面聚光两种聚光方式的低倍聚光电池，但晶硅电池效率以及使用温度远低于砷化镓多结电池，因此其在性价比方面难以与砷化镓高倍聚光电池相比。砷化镓高倍聚光电池主要由砷化镓多结高效电池、聚光系统、散热器以及日光追随器组成。通常聚光电池组件由多个聚光电池单元组成，然后再安装于日光追随器上进行运行工作，如图3-1所示。砷化镓高效多结电池具有40%以上的转化效率，同时其使用温度高，使砷化镓聚光电池造价相对较高，因为需要与散热冷却系统配合使用。这也使得其与建成环境光伏应用相结合较为困难，仍处于研究阶段。其中比较具有代表性的是天津大学朱丽教授团队提出了一种聚光光伏幕墙结构立面[238]，该团队对该类聚光光伏建筑一体化应用的热环境影响也进行了相关研究[239]。

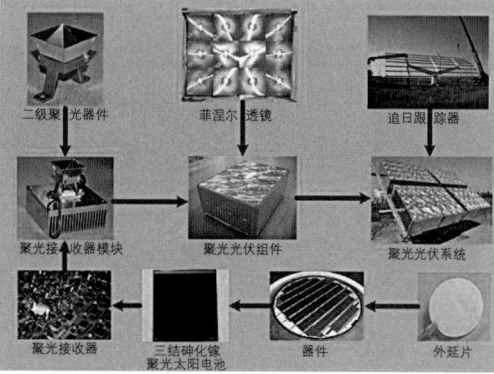

(a)实景照片　　　　　　　　　　　　　　(b)分析图

图 3-1　砷化镓高倍聚光电池组件
(图片来源:(a)江阴复睿电力投资有限公司官网;(b)锦州阳光气象科技有限公司官网)

除了前文中提及的几种光伏电池种类外,球珠硅电池[221]、量子点电池[240]、全光谱电池、钙钛矿型材料与硅的叠层型电池、上下转换电池[241],以及其他量子阱电池、中间带电池、热载流子电池[221]等新型特种电池都还在理论研究以及实验室探索当中,随着更多高效全光谱低成本电池产品的出现,越来越多的适于建成环境应用的电池组件将出现,替代传统化石能源为人们所用。

3.1.7　高效率光伏发电技术

随着光伏组件发电效率的进一步提高,配合光伏组件工作的安装以及运维技术也在改进,可以促使光伏组件产生更高的能源。

日光跟随器,又可以称为追日系统,是使光伏电池可以始终朝向太阳的构件,能够大幅度提高光伏组件系统的发电效率,使光伏组件一直处于最大功率输出状态[237]。按照结构形式的不同,可以分为单轴日光跟随器、多轴日光跟随器。在建成环境光伏应用中,大面积光伏应用区域可以采用多轴日光跟随器进行日光追踪,例如地面景观光伏应用、屋顶光伏应用以及道路光伏应用等。而单轴日光追随器也可以应用于大面积光伏应用区域,还可以应用于建筑遮阳等区域,在追踪太阳的同时还可以调节遮阳角度,最大限度减少入射太阳光。同时还可以采用多方阵同轴控制系统,对大量光伏组件进行同轴控制,在提高发电效率的同时减少设备投资。

除了采用日光追随器设备外,还可以通过采用一些相关控制系统程序提高光伏组件工作效率。光伏组件在工作过程中的输出功率受天气情况、光照强度、环境温度以及负载情况等多方面因素影响,在一定光强以及温度下,光伏组件可采用不同的输出电压进行工作,但只有在最大功率点附近工作时,才可以产生最大的输出功率,因此通过最大功率点控制技术(Maximum Power Point Tracking,简称MPPT)就可以提高整个系统的整体效率,让其始终保持在最大功率点附近工作[2]。此外,还可以通过智能电网控制、光伏发电通信与监控系统,以及智能管理与维护系统等综合控制,提高光伏组件的运营工作效率,保证建成环境光伏应用的安全运转。

3.2 建成环境光伏应用方式

如第2章所述,建成环境光伏应用的领域已经较为广泛,主要包括建筑光伏应用、道路光伏应用、景观光伏应用以及其他基础设施光伏应用。每种光伏应用类别均包含不同的光伏应用方式,本节将对不同类别的光伏应用方式进行总结,并最终提出对建成环境不利影响最小、适合建成环境的光伏应用方式。

3.2.1 建筑光伏应用方式

建筑光伏应用是建成环境光伏应用中一项较为普遍的方式,可以利用建筑闲置的空间进行能源整合,减少单独占用土地,同时建筑光伏应用由于通常为即发即用或者并网系统,省去了蓄电池等储能装置的应用,在节约成本的同时还可以最大限度地利用光伏组件产能,降低电能损失以及线损。在夏季用电高峰时,还可以为建筑提供大量能源,起到调峰作用。因此,建筑光伏应用应该更为广泛地进行推动与运用。其中建筑光伏应用按照光伏组件与建筑结合方式的不同,可以分为:建筑与光伏系统相结合、建筑与光伏组件相结合[242]。

3.2.1.1 建筑与光伏系统相结合

建筑与光伏系统相结合,就是将光伏组件安装在建筑上,建筑作为光伏组件阵列的承载体对其进行支撑,然后再将光伏组件与逆变器等装置相连。在建筑与光伏系统相结合的建筑光伏应用方式中,比较常见的有建筑屋顶光伏应用以及建筑立面光伏应用,其中建筑屋顶光伏应用按照不同的屋顶形式,又可以分为平屋顶光伏应用以及坡屋顶及圆顶光伏应用。本部分将对建筑与光伏系统相结合的建筑光伏应用方式进行总结,并提出不同建筑应用类型所适用的光伏组件安装方式。

1. 平屋顶光伏应用

平屋顶对于光伏组件应用而言是一个很好的应用平台,其原因主要包括以下几点:屋顶大多处于没有遮挡的情况,其光照条件较好,适合进行光伏组件应用;平屋顶相对于坡屋顶而言,可以提供更大面积并且广阔的安装区域;同时,对光伏组件的安装方位以及倾角等的影响约束较少,可以使光伏组件按照技术要求进行安装,进而达到光伏组件的最大工作效率;平屋顶光伏组件的安装与维修相对于其他建筑光伏应用方式较为方便,无须采用脚手架等进行安装,并且安全度也较高;平屋顶光伏应用对于建筑美学影响相对较小，尤其是对于高层建筑，在地面基本看不到顶部的光伏应用组件。因此，建筑平屋顶光伏应用作为建成环境光伏应用当中重要的应用方式，需要充分考虑其最佳安装方式。

最为普遍的平屋顶光伏应用结构形式就是屋顶支架式光伏应用[243]。其中最早出现的第一种光伏应用支架形式是利用螺栓或者螺钉将倾斜式光伏组件支架直接固定在建筑平屋顶上，如图3-2所示，该安装方式需要注意的是安装支架需要纳入建筑屋顶防水结构中，防止由于屋顶光伏应用而引起漏雨；第二种支架固定方式是固定在混凝土构件上，利用混凝土构件作为光伏组件支架的承重基础，防止对屋顶结构的损坏，这也是较为常见的一种平屋顶光伏应用方式，如图3-3所示；第三种支架式光伏应用利用屋面砾石对平屋顶光伏应用支架进行固定，如图3-4、图3-5所示，采用的是利用可回收增强纤维以及PE塑料制成的屋顶光伏应用支架；最后一种是利用屋顶绿植进行固定，将光伏组件基础与屋顶绿植进行结合，利用光伏组件支架下方的屋顶绿植对光伏组件支架进行固定，如图3-6所示，该结构对屋顶绿植不会造成破坏，同时能将光伏组件与屋顶绿植相结合，达到经济、美观的效果，但需要注意植被会生长，因此需要预留植物足够的生长空间，并且定期对于光伏组件下方以及周边的植物进行修剪维护，防止其过分生长对光伏组件产生遮挡等，影响光伏组件的工作效率。

（a）平屋顶固定式光伏金属支架　　　　　　（b）平屋顶固定式光伏支架

图3-2　平屋顶固定式支架

（图片来源：(a) aipv网站；(b) solstis网站）

图3-3　平屋顶混凝土构件连接光伏支架

（图片来源：aipv网站）

图 3-4　利用平屋面砾石固定的光伏支架（SOLBAC 产品）[243]

（a）SOLMAX 产品　　　　　　　　　　　　（b）ConSole 产品

图 3-5　利用平屋面砾石固定的光伏支架[243]

（a）小型 SOLGREEN 产品　　　　　　　　　（b）大型 SOLGREEN 产品

图 3-6　利用平屋顶绿植固定光伏组件支架结构[243]

除了支架式屋顶光伏应用外，平屋顶光伏应用还包含另外一种"支架式"光伏应用方式。该支架与前文中支架的不同点在于，前者光伏组件均采用一定倾角进行支架安装，而后者则采用平铺的方式进行安装，其优点在于即使是低层建筑其对建筑形象的影响也较小，同时由于结构用量较少，其造价相较于有倾角的支架低。平屋顶平铺光伏组件的安装方式主要是将光伏组件构件连接到原有平屋顶进行固定，如图3-7a、b所示，被大量应用到工业厂房等低层建筑应用当中，但其缺点在于光伏组件对下方的传热影响较为明显，无法满足区域热环境最优化的目标。同时，由于贴近平屋面进行安装，对光伏组件下方屋面以及光伏组件下方空间进行维修以及维护较为困难。平铺光伏组件的安装方式与有倾角的安装方式类似，也可以利用砾石进行固定，如图3-7c所示。

（a）某厂房屋顶平铺光伏组件　　（b）波士顿中心商业区某建筑平屋顶光伏组件[243]　　（c）利用砾石固定的平屋顶平铺光伏组件

图3-7　平屋顶平铺光伏组件

（图片来源：（a）世纪新能源网；（c）solstis网站）

第三种平屋面光伏应用方式与前一种光伏应用方式类似，也是平铺式光伏应用方式，但不同点在于无需支架进行安装，而是直接将屋面光伏箔"粘"在平屋面表面，形成水密屏障，与建筑屋面箔的安装方式基本相同。其中比较具有代表性的产品就是由美国UniSolar公司生产的三联光伏电池屋面箔Evalon-Solar系列产品[244]，其主要由UniSolar生产的无定型光伏模块以及德国Alwitra生产的传统屋面箔两部分组成，该无定型光伏组件在金属基板上辊轧技术生产，由于柔韧度较好，该产品可以弯曲，也更便于安装，图3-8为产品以及安装过程照片。该产品的优点在于与建筑屋顶的结合程度较好，但缺点在于由于该产品下方缺少支架安装的高度，无法保证下方空气流通，光伏组件下方传热对屋面的影响较为明显，更何况是直接传热，会引起屋顶下方空间得热增多，增加该空间的制冷能耗。

以上三种方式为建筑平屋顶光伏应用中光伏组件安装在平屋顶的结构连接方式，其中不论是第一种带有倾角的支架式光伏组件安装，还是平铺的支架式光伏组件安装，均需要将光伏组件固定在支架上，同时支架还需要经得住大风以及冰雪堆积物的附加重量。为了节约成本，其支架设计可以分为以下两类：水平连接以及垂直连接，如图3-9所示。两者的区别在于光伏组件固定在横向龙骨上还是纵向龙骨上，并且横向龙骨上光伏组件中间往往会利用卡子进行固定，因此留有约2cm的安装间隙，

第 3 章　建成环境光伏应用设计方法研究

图 3-8　某厂房屋顶屋面光伏箔以及安装过程

(图片来源：stylepark网站)

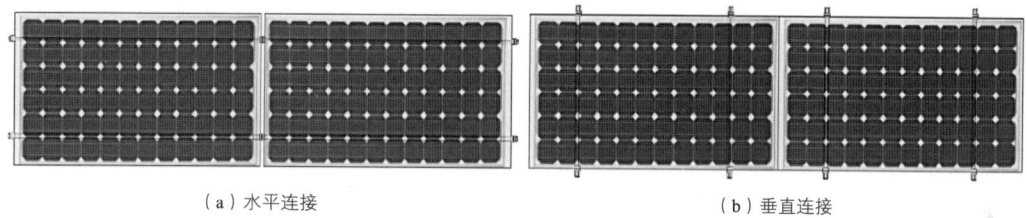

（a）水平连接　　　　　　　　　　　　（b）垂直连接

图 3-9　光伏组件安装支架示意图

而垂直连接则由安装工人自行掌控，往往缝隙相对较小。光伏组件之间存在安装间隙，会使光伏组件下方的屋面表面温度更低，也会降低光伏组件温度，因此在选取支架连接形式时，应该选取水平连接，或者选择垂直连接时设置安装间隙，以保证其下方空气对流。

因此，为了保证光伏组件下方屋面的温度较低，同时光伏组件表面热量可以顺利散失以及空气流通，在进行平屋顶光伏应用设计过程中，建议选用支架式结构进行屋顶安装，为保证光伏组件下方空气流通以及空气换热，光伏组件安装高度应至少有10cm，同时光伏组件固定连接支架时应保留安装间隙，确保空气流通，使得光伏组件下方屋面温度以及光伏组件温度较低。

2. 坡屋顶及圆顶光伏应用

坡屋顶光伏应用由于其周围遮挡较少，也是建筑光伏应用中较为常见的一种应用方式，在民用建筑当中出现较多。坡屋顶光伏应用的优势在于可以利用倾斜屋面作为平台进行光伏组件安装，而无须安装倾斜支架，但坡屋面光伏应用受限也较为严重，需要坡屋面朝向与光伏组件最佳朝向基本相同，即基本朝向赤道，才有利于光伏组件能量输出，或者坡度较小的坡屋面可以采用近似于平屋面安装的方式进行安装，否则朝向欠佳会使得光伏组件无法达到其工作最大效率，影响产能。同时，当坡度超过30°时，其安装维护过程中需要注意安全问题。而圆顶（或者曲面屋顶）光伏应用则与坡屋顶应用类似，需要考虑屋顶朝向，不同点在于需要缩小光伏组件尺寸，以适应其弯曲的形状以及曲度，否则会对建筑立面产生较大影响。与平屋顶光伏应用类似，以下将对坡屋顶以及圆屋顶光伏应用的安装方式进行总结。

最为常见的坡屋顶光伏安装方式就是在屋顶瓦片上安装型材支架系统，即利用特殊的顶盖夹在压条上，安装垂直面作为光伏组件安装的结构基础，加上横向金属型材，并用螺钉或者夹子进行固定，如图3-10、图3-11所示。支架系统的优势在于屋面与光伏组件之间存在一定的安装间隙，可以对光伏组件以及下方屋面起到一定的降温作用。

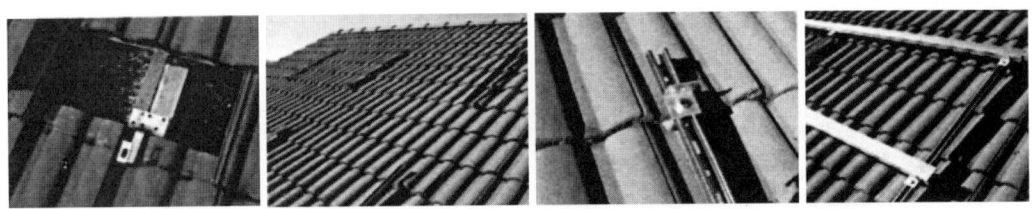

图 3-10　坡屋顶支架结构安装分解图（德国，Ha Wi Energietechnik 公司产品）[243]

（a）澳大利亚 Pacific Solar 公司项目，Plug&PowerTM 产品　　（b）瑞士比尔维尔屋顶光伏项目，Solvatec Basel 公司产品

图 3-11　坡屋顶支架案例 [243]

除了常见的坡屋顶支架系统外，随着技术的整合，在坡屋面光伏应用中还存在整合支架式光伏组件的连接方式，即光伏组件背面框架直接预制金属夹子或者钩子，在安装过程中可以直接挂在型材上，如图3-12所示。该连接方式将光伏组件与屋顶型材整合到了一起，同时安装也更为方便，但价格有时会贵于传统坡屋顶支架式连接方式，原因在于除了水密性要求外，这些具有金属预制构件的光伏组件需要因地制宜，毕竟并不是所有的光伏组件安装区域均为标准模块尺寸。

第三种坡屋顶光伏应用方式与平屋顶第三种连接方式相同，为采用光伏箔"粘"在坡屋顶表面，无须安装支架。该坡屋顶结合方式主要适于坡屋顶表面非瓦片的坡屋顶或者圆顶，可以将光伏组件直接"粘"于屋面上，如图3-13所示。该应用的优势是与建筑屋顶的结合程度较好，柔性材料光伏组件可以适用于平面或者曲面屋面，

（a）预制结构件光伏组件安装场景，瑞士，Solarmarket 公司产品　　（b）预制结构件光伏组件产品——太阳棒，德国，RegEN 公司产品

图 3-12　坡屋顶光伏组件预制结构件案例[243]

图 3-13　光伏箔应用于天津大学可持续实验房坡屋顶的安装过程

但缺点在于光伏组件直接与屋面接触，光伏组件直接发热、传热对于屋面影响较大，会引起屋面下方空间温度升高。

与平屋面相同，坡屋面光伏应用中光伏组件也应该保留安装间隙，以便于光伏组件下方的空气流通。在坡屋顶光伏组件应用过程中，为了充分满足光伏组件下方空气、温度流通，建议选择两种支架式光伏组件安装方式。而圆顶屋面光伏应用中，为了使其对建筑尤其是建筑遗产的建筑形式的影响较小，建议选择安装屋面光伏箔进行能源生产。除此之外，从施工安全以及维护安全的角度，建议坡屋面以及圆顶光伏应用主要集中在低层建筑或者坡度较小的屋顶表面进行使用，同时安装区域建议选择光伏组件最佳朝向的区域范围，使光伏组件可以最大限度产生能源。

3. 建筑立面光伏应用

在建筑光伏应用过程中，应用潜力最大的区域应该就是建筑立面了。尤其是多层建筑以及高层建筑立面是与太阳光接触面积最大的建筑表面，可以为光伏组件提供大面积利用区域，但垂直安装光伏组件的转化效率会比安装在屋顶表面上的转化效率略低，尤其不是朝向赤道方向的建筑立面。除此之外，建筑立面相对于屋面更容易受到周围环境阴影的影响，因此在进行建筑立面光伏应用之前需要建立建筑立面遮阳模型，对立面可利用面积进行统计与现场评估。

城市建成环境太阳能光伏应用

在建筑立面光伏应用中，光伏组件与建筑立面的结合方式相对于平屋顶以及坡屋顶较为单一，一般均采用支架式结构方式进行安装，即将建筑原有砌块或者混凝土墙面作为结构承载面，再在其表面安装预制构件或者金属材质外立面构件，将光伏组件龙骨或者支架与其连接固定。建筑立面光伏应用结构方式相对单一，按照支架倾斜角度的不同，可以分为垂直安装以及倾斜安装，其固定结合方式如图3-14所示。需要注意的是，不论是混凝土还是砌块作为结构层，由于在固定过程中会破坏外面表皮，所以均需要做好防水，同时在结构连接处需覆盖水密绝缘保护层。按照建筑立面所安装区域的不同，可以分为窗间墙面光伏应用（图3-15、图3-16）、窗下墙面光伏应用（图3-16、图3-17）以及整体墙面光伏应用（图3-18）。

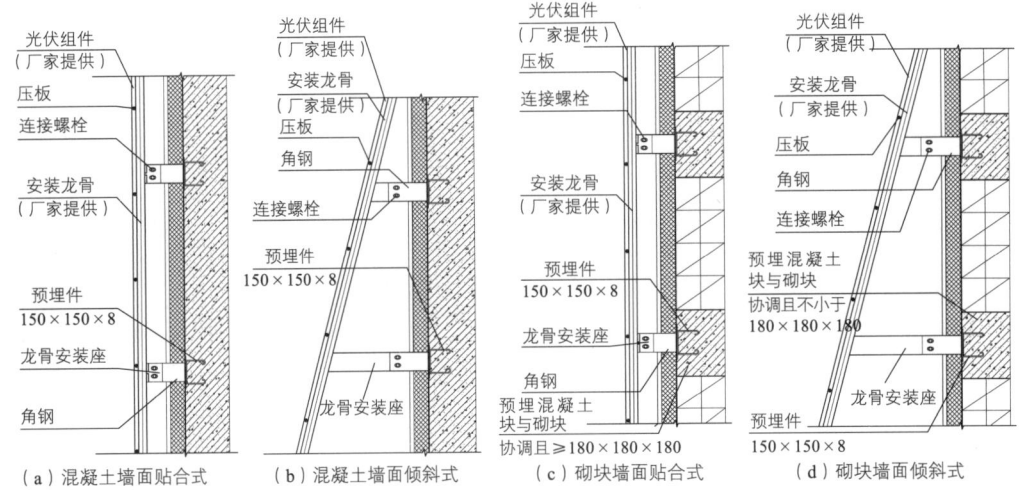

图 3-14 建筑立面光伏应用的结构方式

（图片来源：作者参照住房和城乡建设部.建筑太阳能光伏系统设计与安装：16J908-5[S].北京：中国计划出版社，2016.自绘）

图 3-15 窗间墙面光伏应用，奥地利费尔德基希国家建筑检测行政大楼[245]

第 3 章 建成环境光伏应用设计方法研究

图 3-16 丹麦奥尔堡某住宅窗间墙及窗下墙光伏应用,窗间墙光伏应用为 30° 倾斜式,窗下墙光伏应用为平铺式[245]

(a) 荷兰必雅建筑事务所设计的布伦特兰中心窗下墙面光伏应用[243]　　(b) 奥地利多恩比恩的卡伦山顶车站窗下墙面光伏应用[245]

图 3-17 窗下墙光伏应用案例

(a) 意大利苏埃利奥市 UBS 银行墙面光伏应用[243]　　(b) 德国费莱堡某公寓高层墙面光伏应用改造前建筑立面[245]　　(c) 德国费莱堡某公寓高层墙面光伏应用改造后建筑立面[245]

图 3-18 整体墙面光伏应用案例

075

随着光伏技术的发展，光伏组件正在朝更为丰富的色彩方向发展，这对于建筑立面光伏应用而言是个福音。传统光伏组件通常是深蓝色或者黑色，这与既有建筑立面的色彩往往存在较大的差异，尤其是建筑遗产中，会对传统建筑立面产生较大的冲击。在欧洲研究和示范项目PVACCEPT中设计师与科技生产者合作，利用丝网印刷技术对光伏组件盖板进行装饰，将所需要的图案以规则的点栅格形式印在组件盖板玻璃上，创造出与周围环境更为和谐统一的光伏组件，如图3-19所示。同时，该项技术还可以将文字以及标识印刷在光伏组件表面，使得建筑立面上的光伏组件具有广告、信息通知等功能，如图3-20所示，也使得建筑立面应用更为丰富。在德国内卡河畔的玛尔巴哈古城墙上，如图3-21所示，将一句当地名言印刷在光伏组件盖板表面，并且将城墙结构与颜色设计为光伏组件背景，确保其与周围环境的和谐统一。在安装方面采用铝型材结构进行墙面固定，光伏组件距离墙面约15cm，保证其背面通风。该墙面光伏应用在对建筑起到宣传作用的同时，也产生了能源[245]。

图3-19　丝网印刷的PVACCEPT薄膜测试组件及样品[245]

（a）德国普特布斯历史建筑立面上的砖纹光伏组件　　（b）意大利拉斯佩齐亚的圣乔治城堡遗址博物馆墙面上的光伏信息板

图3-20　PVACCEPT开发的丝网印刷光伏组件墙面应用案例[245]

图 3-21 位于德国玛尔巴哈古城墙上印有名言的光伏组件[245]

与建筑屋顶光伏应用相同,在建筑立面光伏应用过程中,也需要光伏组件与墙面保持通风,使光伏组件后方的空气温度相对较低,降低建筑室内空间得热。同时,在建筑立面改造允许的情况下,尽量采用倾斜支架的方式进行光伏组件的安装,使光伏组件以最大效率生产能源,例如德国汉堡美术学院建筑立面改造过程中,将光伏组件做成了该建筑的设计亮点[245],如图3-22所示。该项目将光伏组件悬挂于拱形钢管结构,安装在建筑立面上,并且将整个光伏结构延展到建筑屋顶上方,同时每块光伏组件均采用倾斜式安装方式,在满足美学需求的同时,光伏组件也可以更好地工作。

图 3-22 名为"太阳陷阱"的德国汉堡美术学院建筑立面光伏应用装置[245]

3.2.1.2 建筑与光伏组件相结合

建筑与光伏组件相结合，就是将光伏组件与建筑材料的功能进行集成，光伏组件不仅作为一种能源生产构件，同时也作为建筑的一部分。换而言之，光伏组件直接作为建筑的屋顶、外墙或者窗户等，既能发电又可以作为建筑材料，该方式也被称为建筑光伏一体化应用（Building Integrated Photovoltaic，BIPV）。作为建筑材料的光伏组件需要与普通建筑材料一样坚固耐用、保温隔热、防水防潮，并且具有适当强度以及刚度，且不易破损，便于施工安装与运输，此外还需要考虑材料寿命与建筑使用年限相当。根据工程的需要，目前已经生产出多种光伏组件类型，包括应用于屋顶的光伏瓦片、应用于建筑立面的光伏幕墙、可以代替玻璃的光伏玻璃，以及一些建筑构件，包括光伏遮阳、光伏百叶、光伏雨棚以及光伏护栏等，本部分将结合案例对建筑与光伏组件相结合的方式进行总结，并提出适合应用的建筑光伏一体化结合方式。

1. 光伏组件与屋顶瓦片相结合——光伏瓦片

在光伏组件与屋顶构件相结合的相关产品中，最具有代表性一种结合方式就是光伏瓦片。在既有建筑改造中，利用光伏瓦片替代原有建筑瓦片已经成为一种对瓦屋顶进行建筑改造的重要方式。光伏瓦片按照类型的不同可以分为两大类：安装了光伏组件的瓦片以及定制粘合到建筑基板上的光伏组件所构成的光伏瓦片。其中第一种光伏瓦片外观与传统瓦片尺寸形状以及铺装方式基本相同，也被称为光伏瓦，现在国内外均有铺设光伏瓦的建筑实例，如图3-23所示。其优势在于施工较为简单，一般铺装屋顶瓦片的工人就能安装，而不需要特殊培训工人进行安装，具体施工大样如图3-24所示。同时产品尺寸相对较小，重量也较轻，安装与运输过程更为简化、方便，可以节约部分成本，并且可以根据原有瓦片的色彩选取适宜的光伏瓦产品，对于建筑外形影响也较小。但缺点在于其造价相对较高，由于单块瓦片尺寸较小，相同面积的安装时间也会增加，并且单块光伏组件的损坏对整个系统的正常工作影响较大。

  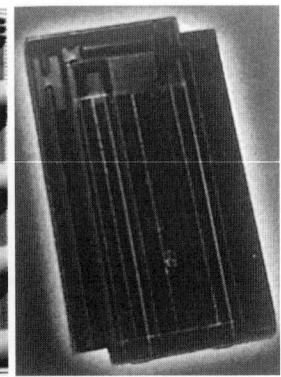

（a）中国浙江省某农村自建房屋顶光伏瓦　　（b）SED Dachziegel 光伏瓦片，　（c）Star Unity 公司的 Sunny-Tile
　　　（图片来源：搜狐网）　　　　　　　　澳大利亚 SED 公司产品[243]　　光伏瓦片产品[243]

图 3-23　光伏瓦产品

第 3 章　建成环境光伏应用设计方法研究

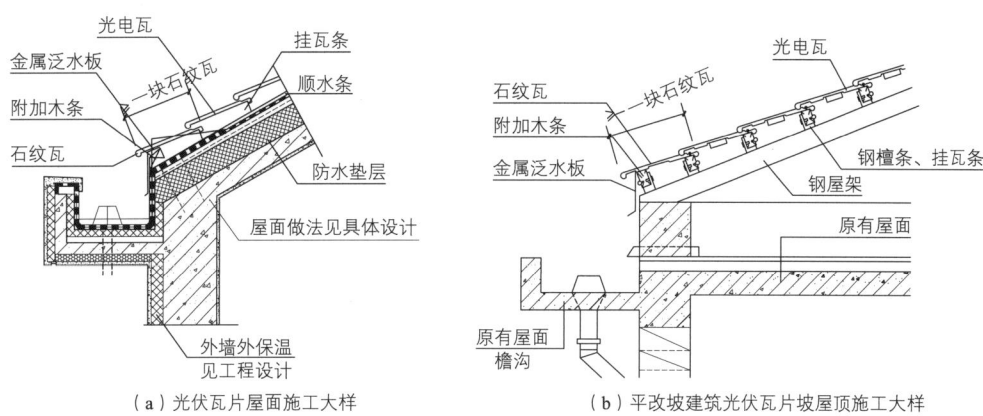

（a）光伏瓦片屋面施工大样　　　　　（b）平改坡建筑光伏瓦片坡屋顶施工大样

图 3-24　光伏瓦施工大样

（图片来源：作者参照住房和城乡建设部. 建筑太阳能光伏系统设计与安装：16J908-5[S]. 北京：中国计划出版社，2016.自绘）

　　第二种光伏瓦片外形与普通光伏组件相同，但其对建筑的作用与第一种相同，作为坡屋顶的瓦片进行使用，也被称为光伏瓦板。该光伏瓦板的安装方式与前者略有不同，与支架式坡屋顶光伏组件应用更为相近，两者的不同点在于该类产品可以安装在建筑基板上，然后与建筑进行整合，如图 3-25 所示。随着薄膜技术的发展，也使得光伏瓦板的尺寸更为多变，光伏电池片可以直接安在金属基底上，基底能用辊轧技术进行生产，进而可以大大节约安装时间，也可以令建筑屋面形式更为整体，如图 3-26 所示。但缺点在于大尺寸的光伏瓦板一旦有一片损坏，那么在替换过程中就需要移除相邻的瓦板。

　　不论是光伏瓦还是光伏瓦板，在应用到建筑屋顶作为瓦片时，其优势在于两者与建筑的整合度都较高，对于建筑外观影响相对较小，同时安装也更为方便。但缺点在于两者在工作过程中均会产热，而其背面的散热效果又相对较差，因此必须保

（a）Terra Piatta 产品安装，德国 Pfleiderer 公司产品　　（b）Braas tile 公司 SRT 35 模块，德国 BRAAS 公司产品

图 3-25　光伏瓦板屋顶案例 [243]

（a）安装了大型瓦板的房屋，西班牙 Isofoton公司产品　　（b）Thyssen Solartec大面积光伏瓦板，德国

图 3-26　大型光伏瓦板应用案例[243]

证光伏瓦片下方自然通风，安装产品时应在较低的位置预留进风口，同时在顶部设有出风口，否则对光伏电池以及屋顶下方空间均有不利影响。

2. 光伏组件与玻璃幕墙相结合——光伏幕墙

光伏幕墙就是将光伏组件与玻璃幕墙相结合，将光伏技术融入玻璃幕墙当中的一种幕墙结构。光伏幕墙突破了原有幕墙结构单一的维护功能，将原本对建筑不利的太阳能转化为电能，降低了建筑的得热。同时，光伏幕墙也为建筑赋予了更多的科技感以及时代特色。但与建筑立面光伏应用相同，光伏幕墙受到周围环境影响较大，由于立面存在阴影与遮挡，无法进行整体铺设。相对于传统幕墙结构，由于在原有幕墙结构上加入了发电系统，使得整体造价相对较高。光伏幕墙结构主要分为单层光伏幕墙结构、双层光伏幕墙结构两种。

单层光伏幕墙结构是指光伏组件直接替代建筑围护结构的光伏幕墙系统，光伏幕墙直接作为建筑室内外分界，在幕墙内部不再设其他构造层，如图3-27所示。但由于单层光伏幕墙直接与室内外空间进行接触，其热工性能相对较差，会使建筑室内空间温度升高，同时保温隔热性能也相对较差。

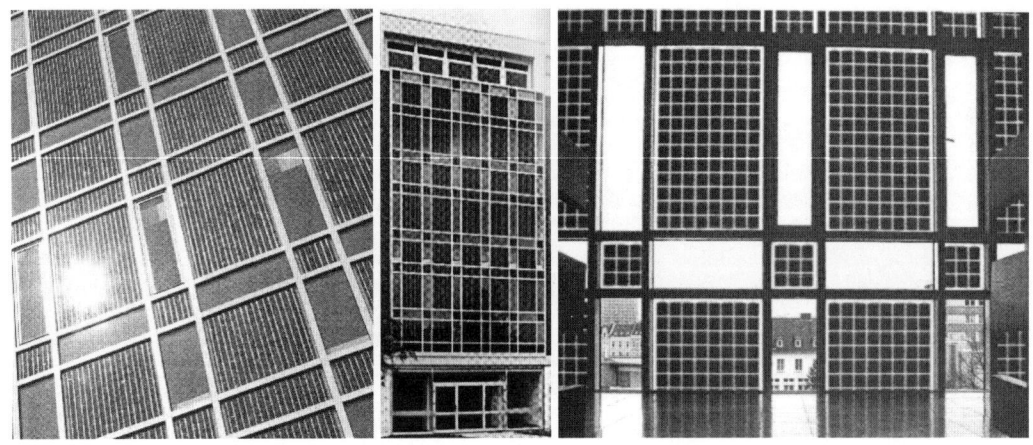

图 3-27　单层光伏幕墙案例，德国亚琛市政电厂（Stadtwerke Aachen AG-STAWAG）[245]

双层光伏幕墙结构即将光伏组件设置于建筑围护结构的外表面，使光伏幕墙与建筑围护结构中间形成空气夹层，进而结合被动式通风或者主动式通风系统，对光伏组件背面以及空气夹层内部进行降温，达到夏季降温、冬季保温的效果，如图3-28所示。当双层光伏幕墙结构不设出风口或者进出风口处于关闭状态时，便成为封闭式双层光伏幕墙，可以在冬季对建筑室内空间起到保温隔热作用，但对于光伏组件发电效率而言，由于背面热量散失较难，会使光伏组件工作效率降低。而当双层光伏幕墙设有进出口时，则成为呼吸式双层光伏幕墙，按照气流进出与幕墙结构的关系，可以分为外呼吸式双层光伏幕墙、内呼吸式双层光伏幕墙。其中较为常见的是外呼吸式双层光伏幕墙，通过外界风压和空气热压形成压差，进而造成空气流动，减少建筑室内得热，同时降低光伏组件背面的传热与得热。外呼吸式双层光伏幕墙的优点在于采用自然的烟囱效应，可以降低主动式通风所产生的能耗，但需要注意不同楼层的烟囱效应不同，因此需要在前期设计过程中利用软件进行模拟研究，确保其工作性能。内呼吸式双层光伏幕墙，按照内呼吸式气流组织方式又可以分为交换式内呼吸双层光伏幕墙、直排式内呼吸双层光伏幕墙。交换式呼吸双层光伏幕墙是将空气循环系统与热交换新风换气机组相组合进行整体设计，在夏季和冬季分别对新风进行降温减湿和增温加湿处理，进而降低建筑室内能耗。而直排式内呼吸双层光伏幕墙则是将室内空气直接引入幕墙，经由幕墙出风口排入排风管道进而排入室外环境。内呼吸式双层光伏幕墙相对于外呼吸式双层光伏幕墙而言，其优势在于室内空间空气品质更高，并且可以提高室内热舒适度，降低建筑能耗，但缺点在于需要完全依靠主动式机械通风换气设备，其节能率略低于外循环系统[217]。

在光伏幕墙应用过程中，单层光伏幕墙内部通风相对较差，同时对建筑室内空间直接进行热辐射，也会使得建筑室内空间温度过高。因此，在光伏幕墙应用过程中应该根据当地气象条件以及光伏组件类型，对光伏幕墙进行选择。建议应用外呼

图3-28　外呼吸式双层光伏幕墙案例，法国阿莱斯教堂遗址中的游客问讯处[245]

吸式双层光伏幕墙,并且保留光伏幕墙组件背面的通风流道,适合应用于多种气象条件,同时光伏组件发热也可以促进夹层内空气流动,更大限度地推动空气流通。并且双层光伏幕墙相对于单层光伏幕墙其隔声性、私密性以及防火性更好。在实际应用案例中,考虑到造价以及遮挡等因素,也有相关案例仅部分区域采用双层光伏幕墙,其余区域依旧采用原始双层玻璃幕墙。加拿大的威廉法蕾尔大厦就是一个典型案例[217],如图3-29所示,大厦的通风系统通过电子温度传感器进行控制,以保证双层幕墙内腔维持最佳温度。而安装在幕墙顶部的两组1kWp光伏幕墙则为通风扇提供能源,同时光伏幕墙在工作过程中所产生的热使得夹层腔内形成热压差,促进了空气流动。

3. 光伏组件与窗户及采光顶相结合——光伏玻璃

与前文中所述的光伏幕墙材料类似,光伏玻璃也是半透明光伏组件的一种利用方式,不同点在于光伏幕墙往往是整体式应用,采用幕墙结构进行固定安装。而光伏玻

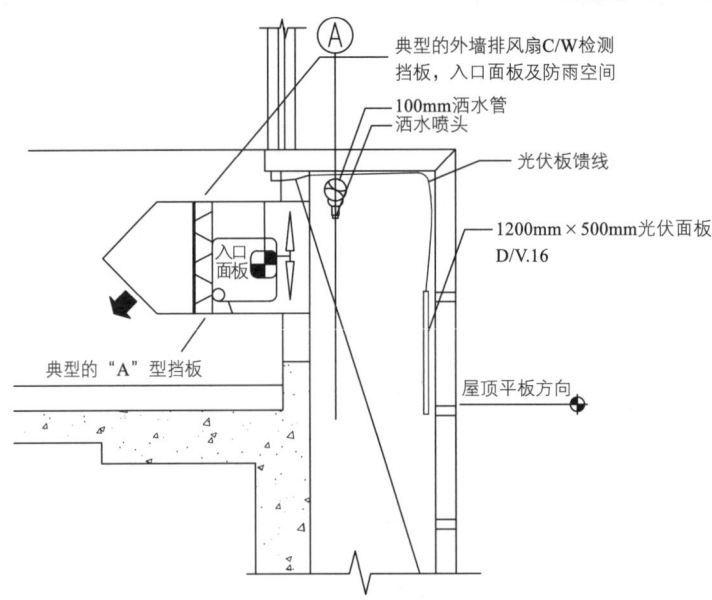

图3-29 加拿大威廉法蕾尔大厦双层光伏幕墙应用[243]

璃则主要用于建筑的窗户以及采光顶等,其作用就是替换建筑的原有玻璃。因此,光伏玻璃在应用过程中,既需要满足发电需要,还需要满足建筑室内空间的采光需求。除此之外,光伏玻璃与空间使用者的接触更为紧密,因此还需要考虑到光伏玻璃的安全性、外观美观度以及施工简便性等因素。光伏玻璃按照透光原理的不同可以大致分为两类:一类为由自身透光的薄膜光伏电池片组成的光伏玻璃;另一类为采用非透光的晶体硅光伏电池片,但利用电池片间隙可以进行透光的光伏玻璃。

自透光的薄膜光伏玻璃主要依靠光伏电池片材料自身透光,该类透光光伏电池的发电层可透过一定的可见光,其可见光透光率一般低于50%。其中透光光伏电池材料主要包括:非晶硅材料、CdTe材料、CIGS材料、染料敏化太阳能电池(DSSC)等。自透光薄膜光伏玻璃色彩一般为电池片原色,同时可以通过改变其衬底的膜的颜色来改变光伏玻璃的色彩,图3-30为不同透光率以及不同色彩的非晶硅光伏玻璃。同时,自透光薄膜光伏玻璃对于环境的适应力较好,尤其是非晶硅光伏玻璃,其弱光性较好,即对光强以及阳光照射角度限制较小,并且其材料还具有低温特性,温度系数较小使其更适应高温工作状态,即相同功率的非晶硅电池与晶硅电池在夏季高温工作状态下发电量会更大,但薄膜光伏组件转化效率较低[246]。因此在实际应用过程中色彩较浅的光伏玻璃产品被更多地应用在采光顶或者窗户等区域,如图3-31、图3-32所示。也有部分案例在采光顶棚或者建筑立面中采用多种色彩的薄膜光伏玻璃,追求室内空间光感的变化。

(a)10%透光率原色光　　(b)20%透光率原色光伏玻璃　　(c)不同色彩的非晶硅透光薄膜光伏玻璃
　　　伏玻璃

图3-30　非晶硅薄膜光伏玻璃

(图片来源:天裕光能企业官网)

图3-31　自透光薄膜光伏玻璃采光顶案例[246]

图 3-32 自透光薄膜光伏玻璃窗（Solaria 公司产品）

（图片来源：buildingelements网站）

另一种常见的光伏玻璃即利用光伏电池片间隙进行透光的间隙透光光伏玻璃，该类光伏玻璃主要采用转化效率相对较高的晶体硅光伏组件，比较常见的是单晶硅光伏电池片间隙透光光伏玻璃。其优点在于：对于相同面积的光伏玻璃而言，晶体硅光伏玻璃单位面积的发电效率更高，同时，其应用范围也更广，可以适合多种场所使用。但其色彩以及外观较为单一，主要包含两类：晶片式、百叶式[247]，如图3-33所示。由于间隙透光光伏玻璃转化效率相对较高，同时在设计过程中可以根据设计需要对光伏电池片的位置进行调整，越来越多的案例中采用该种方式，其应用范围涵盖了采光顶、窗户、阳光房等多个类型，如图3-34、图3-35所示。虽然成本相对较高，但由于其产生能源的同时能够降低室内太阳直射等，对于光伏玻璃的投资还是值得的。

光伏玻璃作为一种建筑材料可以帮助建筑抵挡雨水以及日光的影响，还可以将日光转化为电能，但在实际应用中，仍然需要充分考虑气象条件，选取适宜的光伏玻璃种类以及应用方式。同时还需要充分考虑建筑室内视觉效果，因为光伏玻璃应用区域与人们交流更为紧密，不论是窗户还是采光顶，都将直接影响室内效果，所以更需要提前对效果进行预判。

（a）晶片式[243]　　　　（b）百叶式[247]　　　　（c）新型晶片式

图 3-33 间隙透光光伏玻璃窗形式

（图片来源：（c）作者摄于2013年大同市太阳能十项全能竞赛）

（a）丹麦布伦特兰中心中庭光伏采光顶　　（b）荷兰德克莱纳德地区的光伏采光顶　　（c）Floriade 光伏罩棚

图 3-34　间隙透光光伏玻璃应用广泛[243]

（a）晶片式　　　　　　　　　　　　（b）百叶式

图 3-35　间隙透光光伏玻璃窗案例

（图片来源：（a）fastcompany网站；（b）作者摄于2013年大同市太阳能十项全能竞赛）

4. 光伏组件与遮阳装置相结合——光伏遮阳

将光伏组件与遮阳装置相结合形成光伏遮阳，在夏季可以为建筑遮阳，减少室内太阳直射，进而减少建筑得热，降低建筑制冷能耗，同时可以将这部分太阳能转为电能供建筑使用，进一步降低制冷能耗。光伏遮阳与传统遮阳形式类似，对于建筑外立面形式影响相对较小。除此之外，由于光伏遮阳通常设置于建筑室外，裸露结构，光伏遮阳构件在日间工作过程中便可以很好地进行通风散热，进一步确保了光伏遮阳中光伏组件的发电效率。因此，光伏遮阳可以称得上是功能与美学完美结合的一种建筑光伏一体化结合方式。

光伏遮阳按照遮阳组件形式可以分为：水平式、垂直式以及挡板式三种形式，如图3-36所示。水平式光伏遮阳与传统水平式遮阳的形式与作用相似，主要设置于窗口上方，减少高度角较高的太阳直射进入建筑室内，适合应用于各个建筑朝向，

(a) 水平式光伏遮阳，荷兰，Zonnegolven，博克斯特尔[243]　　(b) 垂直式光伏遮阳百叶，日本东京涩谷东部小企业投资公司大厦[243]　　(c) 活动式挡板光伏遮阳

图 3-36　光伏遮阳形式

（图片来源：(c) ehret 网站）

但需要注意水平式光伏遮阳中的光伏电池组件需要满足适当的朝向才可以更好地发挥其发电性能。因此，在进行水平式光伏遮阳的安装与设计过程中仍需要考虑到预安装区域的气候条件与建筑朝向，选取适合材料种类的光伏遮阳构件。垂直式光伏遮阳主要设置在窗口两侧，可以减少高度角较低的太阳直射进入建筑室内，一般用于朝南、朝北偏东或者北偏西方向的窗口。与水平式光伏遮阳类似，垂直式光伏遮阳也需要考虑光伏组件的实际工作效率，在应用过程中光伏组件常朝向东西向且垂直设置，这很难让光伏组件达到最佳发电效率，因此在实际应用中常设置成可旋转的垂直式百叶，以满足其工作需要。挡板式光伏遮阳主要设置在窗户前方且平行于窗口，用于减少高度角较低、从窗户正方射入的太阳直射阳光，一般用于朝东、朝西及其附近朝向的窗口，但该种类型光伏遮阳装置会遮挡大部分视线与风，因此常做成百叶式或者活动式。

综上所述，在光伏遮阳应用当中，既满足遮阳需求又满足光伏组件工作要求的就是水平式光伏遮阳系统，也是如今较为常见的一种光伏遮阳应用方式。通过合理的设计手法，可将横向带状的光伏遮阳构件进行利用，打破建筑原本高耸的建筑形态。如图 3-37 所示的案例中，原有建筑始建于 1963 年，过去的建筑室内总是过热，因此安装了光伏遮阳系统[245]，新设计的水平遮阳百叶采用单元式设计方式，在横向延展了视觉效果的同时，也打破了原有呆板的建筑形式。水平光伏遮阳与建筑的结合方式主要包括以下三种：支架式光伏遮阳、点支式光伏遮阳、框式光伏遮阳，如图 3-38 所示。在实际应用过程中需要充分考虑当地的气象条件以确定光伏遮阳的最佳倾斜角度、长度等，同时还需要充分考虑光伏遮阳之间的相互遮挡，进而在满足建筑室内遮阳需求的同时，使光伏电池也可以更好地完成发电任务。如图 3-39、图 3-40 所示的案例中将水平光伏遮阳进行了梯度排列，能够在满足遮阳需求的同时产生更多的能源。

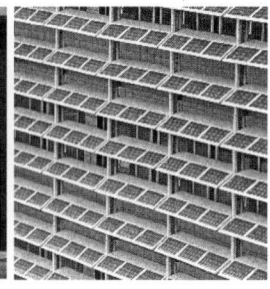

图 3-37 荷兰能源中心改造项目[245]

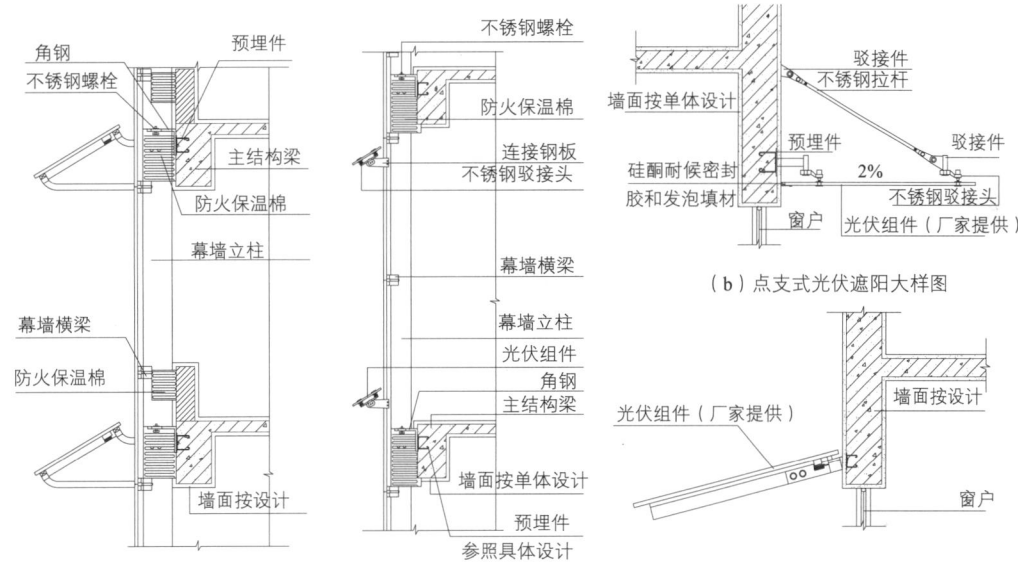

（a）支架式光伏遮阳大样图　　（b）点支式光伏遮阳大样图　　（c）框式光伏遮阳大样图

图 3-38 光伏遮阳组件构造

（图片来源：作者参照住房和城乡建设部. 建筑太阳能光伏系统设计与安装：16J908-5[S]. 北京：中国计划出版社，2016. 自绘）

图 3-39 瑞士 AMAG 中心光伏遮阳系统[243]

图 3-40　澳大利亚 SBL 办公楼光伏百叶 [243]

5. 光伏组件与其他建筑构件相结合

除了前文中所提到的将光伏组件与大面积建筑构件一体化应用外，还可以将光伏组件与一些小面积建筑构件进行结合，例如将光伏组件与阳台、栏杆、雨棚以及建筑回廊等建筑构件相结合，图3-41、图3-42为固定式小面积光伏建筑一体化应用构件案例。这些小面积的光伏构件可以将产生的能源直接供给所在区域的照明等设备用电，节约了输电成本以及减少电损的同时，也为所在区域增加了科技感。同时，由于这些区域与建筑使用者的关系更为密切，施工与维护也更为方便。从教育的角度，这些与人们距离更近的光伏建筑一体化构件可以让人们对光伏技术有更深入的认识，起到一定的宣传作用，社会性意义巨大。但其造价相对较高，尤其由于面积较小，发电潜力

（a）日本横滨 Media Tower 光伏阳台护栏 [243]　　　　（b）荷兰代尔夫特某高层住宅光伏阳台护栏 [245]

图 3-41　光伏阳台护栏

第3章 建成环境光伏应用设计方法研究

（a）德国 Schuco 公司的苍穹 1 代产品　　（b）瑞士洛桑某商店光伏雨棚

图 3-42　光伏雨棚[245]

也较小，使得回收年限较长。同时，由于与人们接触较为密切，其安全以及防护问题需要多加注意，要防止出现危害人身安全的情况发生。

光伏阳台护栏在应用过程中需要考虑到防止人为破坏以及防护需求，因此在实际应用过程中，在光伏阳台护栏与阳台空间之间是有穿孔铝板或者钢化玻璃等材料所制成的防护层的，以防止光伏构件受到撞击等损坏。需要注意的是，由于光伏构件背面需要降温以保证光伏组件的正常运行，所以在进行防护层设置时需要与光伏阳台护栏构件预留10cm以上的距离，同时光伏构件之间也应预留安装间隙，保证光伏构件后方空气流通顺畅。光伏阳台护栏按照结构方式的不同，大致可以分为以下三种：倾斜式光伏阳台护栏、垂直式光伏阳台护栏以及点支式光伏阳台护栏，如图3-43所示。光伏雨棚则相对较为简单，其构造与传统钢化玻璃雨棚基本相同，按照其结构连接方式的不同，大致可以分为：点支式光伏雨棚、隐框式光伏雨棚两大类，如图3-44、图3-45所示。其中点支式光伏雨棚在进行光伏组件电线连接过程中，需要额外考虑电线的隐藏问题，而隐框式则可以直接将线藏入结构腔内。在实际应用过程中，需要注意的是，由于光伏雨棚所处的位置通常为建筑一层或者二层区域，周围环境对其日照影响较为强烈，在选择光伏雨棚时，需要充分考虑周围的日照条件，防止安装成为"摆设"。

6. 复合式能源生产建筑构件

除了前文中已经提到的建筑光伏一体化构件外，随着复合式生产的进一步提出，为了最大限度发挥建筑的生产潜力，光伏农业建筑一体化应用逐步被人们所关注，包括光伏农业屋顶等复合式建筑能源生产方式也越来越多。如图3-46所示，深圳市建筑科学研究院（IBR）的建科大楼在建筑顶层设立了光伏农业复合式应用屋顶，屋顶在种植农业的同时，利用光伏进行遮阳[248]。目前光伏农业建筑一体化应用主要集中在建筑屋顶，但对于高层建筑而言，仅仅是屋顶的光伏农业应用面积仍然较少，因此，提出一种适用于多高层建筑的单户用光伏农业建筑一体化应用构件就显得很是必要。

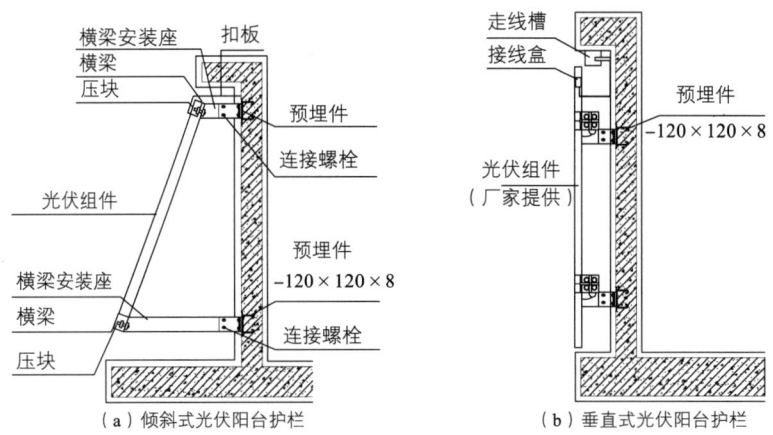

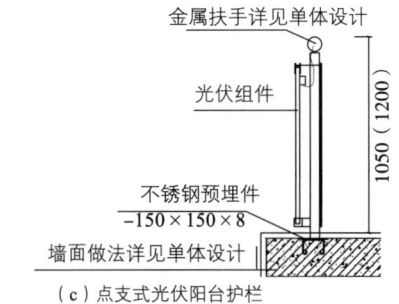

图 3-43　光伏阳台结构大样

（图片来源：作者参照住房和城乡建设部. 建筑太阳能光伏系统设计与安装：16J908-5[S]. 北京：中国计划出版社，2016. 自绘）

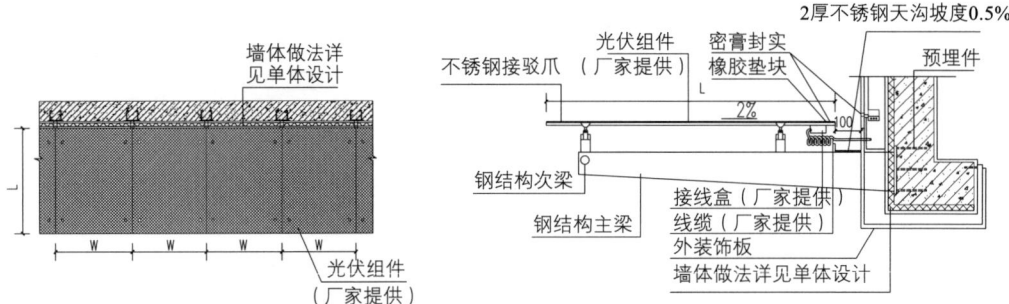

图 3-44　点支式光伏雨棚结构大样

（图片来源：作者参照住房和城乡建设部. 建筑太阳能光伏系统设计与安装：16J908-5[S]. 北京：中国计划出版社，2016. 自绘）

第 3 章　建成环境光伏应用设计方法研究

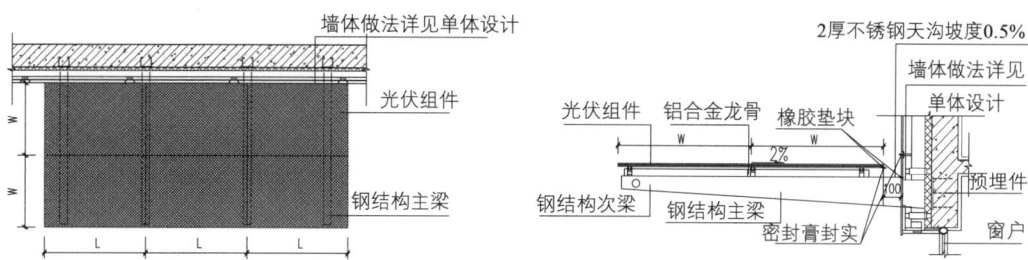

图 3-45　隐框式光伏雨棚结构大样

（图片来源：作者参照住房和城乡建设部. 建筑太阳能光伏系统设计与安装：16J908-5[S]. 北京：中国计划出版社，2016. 自绘）

图 3-46　深圳市建筑科学研究院建科大楼光伏农业应用屋顶[248]

本书提出了一种适用于多高层建筑的光伏农业建筑一体化飘窗结构，并已申请专利。该飘窗包括光伏组件、控制器、蓄电池、水泵、LED补光灯、植物培养架等构件，通过采用光伏技术，将太阳能转变为电能，利用蓄电池进行储能，供电给植物补光灯以及浇灌用水泵，剩余电能供给居民；在产生电能的同时，还可以满足用户的种植需求，为植物创造充足的光照条件以及浇灌条件，其系统原理图如图3-47所示。该光伏农业建筑一体化飘窗利用光伏组件进行能源收集，产生能源供给控制器以及蓄电池，夜间供给农业系统，包括水泵、补光灯等，多余的电量可供给居民。在日照不充足的情况下，即蓄电池电量不足的情况下，也可以直接利用大电网进行农业系统供电。其中光伏组件可以选用单晶硅、多晶硅或者非晶硅等非透光光伏组件，也可以选择光伏玻璃。光伏农业一体化飘窗顶部的光伏组件可通过调节支撑结构调节倾角，以满足光伏组件工作效率最大化，可利用折叠保温设施进行连接，同时保证建筑室内空间保温。

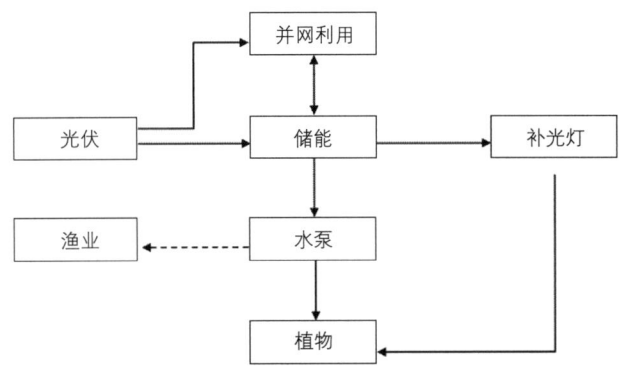

图 3-47 光伏农业建筑一体化飘窗运行系统原理图

光伏农业建筑一体化飘窗的农业种植系统，可根据建筑风格设置于建筑原有窗洞结构外的一侧或者两侧（图3-48）。单侧种植架式光伏农业建筑一体化飘窗如图3-48a所示，可以在飘窗结构侧面安装光伏组件，此区域光伏组件可选用多晶硅光伏组件或者非晶硅光伏组件，也可以根据照明以及种植需要选择透光光伏组件。在植物培养架外宜设置保温良好的玻璃，以保证种植区域适宜的日照与温度，在飘窗横梁结构位置可设置保温帘；飘窗结构也可以选用透光光伏组件结合保温性能良好的玻璃进行设置，保证房间内部采光需要。光伏农业建筑一体化飘窗的农业种植系统，可以采用营养液的种植方式，也可以采用传统的种植方式，可将种植盆放置在培养架上，并依据种植植物种类设置培养架的高度，将水泵与储液池相连，对在不同高度种植的植物进行灌溉；同时依据培养架的位置，设置LED补光灯，保证植物正常生长。也可以根据窗洞以及环境需求选取双侧种植架式或者无种植架式光伏农业建筑一体化飘窗，具体形式如图3-48b、c所示。

利用光伏农业建筑一体化飘窗使城市用户可以在有自己的种植空间的同时，生产清洁能源；节约土地，包括农业用地以及能源用地，为国家分布式清洁能源建设提供帮助；对建筑室内环境起到优化作用，在夏季可以进行遮阳，防止不利光进入建筑内部，同时节约建筑制冷能耗，在冬季则起到一定的保温作用，节约冬季采暖能耗。

综上所述，在建成环境光伏应用中，不论是建筑与光伏系统相结合的建筑光伏应用方式，还是建筑与光伏组件相结合的建筑光伏一体化，在应用过程中都需要充分考虑当地的气象条件以及周围环境，以保证光伏组件应用可以在更好地发挥效率的同时，与周围环境达到和谐统一。在光伏组件应用过程中还需要充分考虑光伏组件背面的通风，保证光伏组件散热，少采用无缝隙的光伏应用方式，以减少光伏组件产热对于建筑的不利影响，最大限度降低建筑制冷能耗。

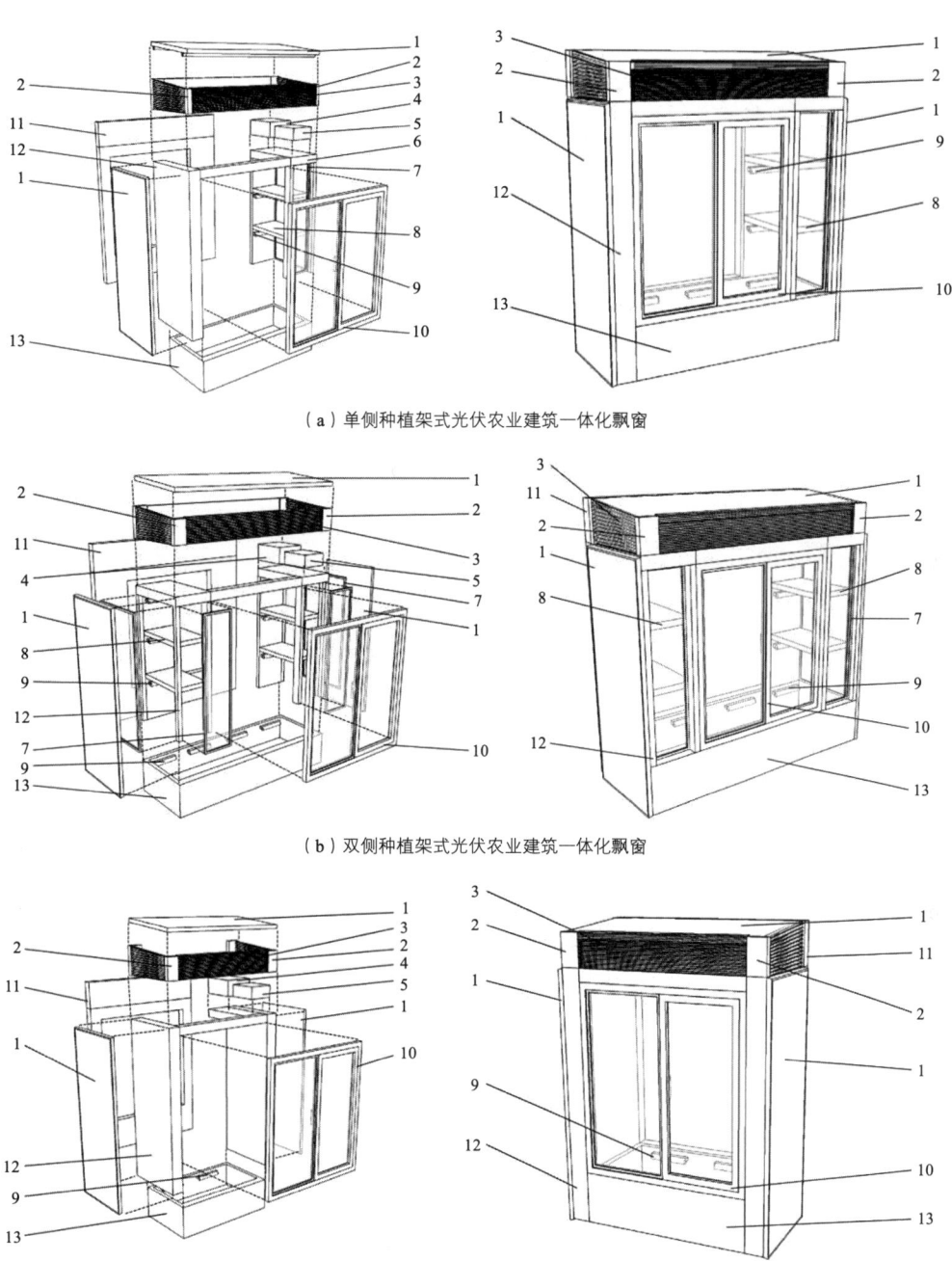

(a) 单侧种植架式光伏农业建筑一体化飘窗

(b) 双侧种植架式光伏农业建筑一体化飘窗

(c) 无种植架式光伏农业建筑一体化飘窗

图 3-48　光伏农业建筑一体化飘窗

1-光伏组件（可选用透光光伏，并根据实际安装情况选择光伏安装结构）；2-可调节支撑结构；3-折叠保温设施；4-控制器及蓄电池；5-水泵；6-飘窗横梁；7-保温玻璃（可根据实际种植需求，选用实墙结构）；8-植物培养架；9-LED补光灯；10-窗户；11-原有建筑窗洞；12-飘窗结构；13-储液池

3.2.2 道路光伏应用方式

如本书2.2.2节所述,道路作为建成环境中一项重要的组成部分,对于道路(高速公路、公路、城市轻轨等)的光伏应用案例与研究越来越多,尤其是如今城市交通越来越发达,对道路光伏应用方式以及合理结合方式的研究就显得越发重要了。其中道路光伏应用方式按照光伏组件应用区域的不同可以分为:路旁光伏应用、路面光伏应用以及道路上空光伏应用。以下将从不同道路应用方式的角度出发,提出适宜建成环境的光伏应用方式,在满足光伏工作效率最佳化的同时使其对城市区域热环境影响最小化。

3.2.2.1 路旁光伏应用

路旁光伏应用由于无须占用道路上方空间,对道路行车的影响相对较小,也更为独立,因此属于最为常见的一种道路光伏应用方式,也是最早被提出并且实施的道路光伏应用方式。按照道路旁光伏应用区域的不同,主要包括道路两旁的声屏障光伏应用以及道路护坡光伏应用。

其中声屏障光伏应用主要是将光伏组件与道路两旁隔声护栏相结合,组成光伏声屏障构件,减少道路上的车流噪声以及夜间车辆灯光对于道路周边环境的影响,同时利用光伏组件在日间进行发电并网或者给路灯等基础设施进行供电。道路光伏声屏障按照形式可以分为:倾斜式、垂直式两种,如图3-49、图3-50所示,其中垂直式虽然光伏发电效率相对较低,但其隔声效果更佳;而倾斜式发电效率更佳,尤其是朝向最佳朝向的光伏组件可以更好地进行能源生产,但其隔声效果略差,且会占用更大的道路两旁土地。道路光伏声屏障应用的优势在于,不论是倾斜式还是垂直式,由于道路声屏障系统都裸露在空气中,有利于光伏组件通风,使得光伏组件可以处于最佳工作状态,同时,由于道路两旁,尤其是高速公路等道路两旁遮挡相对

图 3-49　垂直式道路光伏声屏障构件
(图片来源:kohlhauer网站)

（a） （b）

图 3-50　倾斜式道路光伏声屏障构件

（图片来源：（a）ltvsquad网站；（b）theconstructionindex网站）

较少，可以让光伏组件更好地工作。但光伏道路声屏障构件最主要的作用是阻挡道路噪声对周围环境的影响，因此道路的朝向会影响到光伏声屏障系统的朝向，在东西向道路两旁的光伏声屏障可以满足朝南或者朝北，而南北向道路两旁的光伏声屏障则朝东或朝西，相对于南北向其发电效率略差。

另一种路旁光伏应用方式即将光伏组件安装在道路护坡上，如图3-51所示。与前者相同，道路护坡光伏应用也需要依据道路走向决定是否适合铺设光伏组件，但不同点在于道路护坡光伏应用主要为倾斜式安装，并且没有降低道路噪声的作用，因此在使用过程中，约束相对较少，除了朝向与倾角外，唯一需要注意的是保证光伏组件背面的通风与降温，确保光伏组件的最佳工作状态。在实际应用中，护坡光伏应用安装方式一般采用支架式安装，沿道路护坡进行布置。考虑到道路护坡倾角有时并非光伏组件最佳倾角，在应用过程中可以重点考虑光伏组件的最佳倾角进行

图 3-51　道路护坡光伏应用

（图片来源：san-ei网站）

设置，也可以结合周围环境，与周围树木植物相组合，或将光伏组件安放在草地上方，进行发电的同时成为道路景观的一部分，但需要防止周围植物对其产生遮挡。图3-52a为德国费莱辛路旁护坡光伏应用案例，光伏组件在满足发电需求的同时，与周围环境中的花卉以及绿植构成了新的道路景观，同时还结合道路隔声板，将光伏、隔声、景观一体化考虑。图3-52b也采用了类似的设计手法。

路旁光伏应用中最大的限制就是道路的朝向以及周围环境对道路两旁的遮挡，在城市范围内，道路两旁无论是树木还是建筑，都会对道路两旁的光伏应用产生遮挡，因此在城市内道路两旁进行光伏应用还需对场地进行详尽调研，同时道路朝向也对路旁光伏应用存在限制，尤其是光伏声屏障系统。在南北向道路两旁的光伏组件朝向东西向，相同装机容量下光伏发电潜力较低，经济回收周期较长。因此，路旁光伏应用主要应用于高速公路或者城市之间的道路两旁，并且需要充分考虑道路朝向以及周边环境。

（a）德国费莱辛路旁护坡光伏应用 [245]　　　　　　（b）英国史云顿市路旁护坡光伏应用

图 3-52　路旁护坡光伏应用案例
（图片来源：(b) pagerpower网站）

3.2.2.2　路面光伏应用

路面光伏应用是近20年兴起的一种道路光伏应用形式，通过2.2.2节中的文献综述可以看出，其应用范围主要集中于非机动车道以及人行步道表面，车行道表面应用还相对较少。路面光伏应用需要满足道路的基本功能，因此需要光伏组件表面可以承压，同时具有一定的粗糙度，以满足车辆或者人行功能。而光伏组件需要接收足够的太阳光进行能源生产，因此还对路面表层的透光率有要求。综上所述，路面光伏应用组件应选用透光、耐磨、抗滑、坚硬的表面材料。路面光伏应用往往面积较大，因此路面光伏应用的结构形式主要为模块化应用，利用光伏路面地砖铺设于路面基层表面，与常规路面一起构成路面，如图3-53所示。路面光伏应用的优势在于其光伏潜力巨大，尤其是高速公路路面周围环境遮挡较少（有车辆行驶过程中产生的流动阴影），但整体技术造价相对较高，尤其是对于表面材料的选择以及开发成本，例如法国的一条高速公路每公里铺设花费约为430万美元。同时路面光伏应用的维护也较为复杂，尤其是在行车道路表面或者高速公路表面光伏应用的过程中，一旦其中一块光伏组件损坏，就会对整个系统的发电效率产生较大影响，对其进行维修或者替换都会影响到道路的正常行驶。除此之外，路面光伏应用需要将光伏组件铺设于道路表面，缺少了光伏组件背面的通风流道，也会使得光伏组件的发电效率产生较大影响。同时，光伏组件在工作过程中的积热效应对城市热环境的影响也是需要考虑的，尤其是道路路面大面积应用光伏组件，其积热效应对城市热岛效应的影响需要进一步验证。

（a）美国布鲁撒夫妇研发的路面光伏应用模块　　（b）法国COLAS公司研发的路面光伏应用模块

图 3-53　路面光伏应用案例
（图片来源：北极星太阳能光伏网）

因此，在道路光伏应用中，尤其是车行道不建议选择路面光伏应用方式，而在人行道路光伏应用中也需要考虑光伏组件下方的通风，防止积热效应影响光伏组件工作以及道路的使用寿命。

3.2.2.3　道路上空光伏应用

道路上空光伏应用是利用支架将光伏组件固定于路面上空的一种道路光伏应用方式。比较具有代表性的应用案例就是比利时铁路上空光伏应用案例，如图3-54所示，项目全长3.4km，共使用光伏组件16万块，工程总投资约1570万欧元，年产电约3300MW，可以满足1000个家庭的用电需求[249]。相对于前两种道路光伏应用，道路上空光伏应用的优势在于光伏组件应用遮挡较少，尤其是对于城市间交通道路而言，道路周边建筑物等均较少，适宜使用光伏组件。同时，道路上空光伏组件应用无须考虑道路朝向，因此光伏组件的安装方式，即朝向、倾角等的限制相对较少，可以按照地区光伏组件最佳安装角度与朝向进行安装,满足光伏组件效率最大化,并且光伏组件裸露于空气中,其背面通风效果也较好。天津大学生产性小组对于道路上空光伏应用的声环境以及光环境影响均进行了相关模拟,结果显示其对道路影响均较小[153]。但道路上空光伏应用的缺点在于造价相对较高,需要独立支撑结构进行支撑,安装维护成本也相对较高,但道路发电潜力巨大,据天津大学建筑学院生产性城市小组模拟结果可知,全国50%道路进行道路上空光伏应用可以满足全国基础用电需求[152]。

图 3-54　比利时铁路上空光伏应用案例
(图片来源:中国能源网)

不论是路旁光伏应用、路面光伏应用还是道路上空光伏应用,城市道路光伏应用均需要充分考虑道路周边环境对光伏组件的影响,需要对道路周边树木、建筑以及构筑物等影响因素进行多方面考虑并进行日照模拟,而郊区或者城市间交通道路周边遮挡较少,因此相对更为适合应用。除此之外,路面光伏应用中光伏组件的维护以及安装对原有道路交通情况影响较大,且光伏组件背面散热较为困难,因此在道路光伏应用中建议选用道路上空光伏应用或者路旁光伏应用,但仍需要根据实际情况对日照情况进行模拟。

3.2.3　景观光伏应用方式

如2.2节所述,景观光伏应用主要包括人造自然景观光伏应用以及人造构筑物景观光伏应用。其中人造自然景观光伏应用按照应用区域不同,可以分为:地面景观光伏应用、水面景观光伏应用以及景观小品光伏应用。

地面景观光伏应用主要采用支架式、平铺式两种光伏应用方式。其中平铺式光伏应用主要将光伏组件铺设于广场等区域的地面上,如图2-24所示,其背面缺少通风流道，会影响光伏组件工作效率，因此不建议选用。而支架式光伏应用由于背面裸露于空气中，有助于光伏组件散热，确保其工作效率，并且可以依据景观的美观需求选取适宜的光伏组件安装角度、高度以及尺寸，可以在满足光伏组件审美需要的同时，满足光伏组件发电需要，还可以创造更多的复合式应用空间，如图2-22、图2-23所示。尤其是支架式光伏停车场，通过将光伏组件铺设于停车场上方，不仅可以产生能源，还可以为下方车辆进行遮阴，防止车内温度过高。同时还可以与充电桩进行结合，为电动汽车进行供电，如图3-55所示，还可以与共享汽车等相结合，为城市交通服务，如图3-56所示。

水面景观光伏应用现如今还处于小规模应用阶段，主要为支架式光伏应用，按照基础连接方式又可以分为水面上空光伏应用、漂浮式水面光伏应用两类。其中水面上空光伏应用就是将光伏组件利用支架固定于水面上空，按照结构支撑方式可以分为横跨式、打桩式。横跨式更适合应用于小面积水域，例如污水处理厂水面等，如图2-37所示，对于大面积水域而言，其结构强度无法达到要求。打桩式则是将结构支撑通过打桩的方式打入水底，对于水面深度有一定限制，过于深的水面其结构

（a）倾角支架式光伏停车场　　（b）水平支架式光伏停车场　　（c）带充电桩的光伏停车场产品

图3-55　停车场光伏应用案例

（图片来源：（a）摄于天津英利公司；（b）摄于镇江某光伏停车场；（c）摄于2016年国际太阳能产业与光伏工程（上海）展览会上协鑫公司展位）

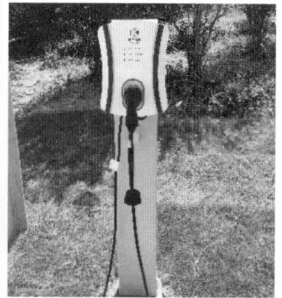

图3-56　上海酷库新能源汽车充电站

件造价以及强度要求均较高，施工难度也较大，如图2-35、图2-36所示。而漂浮式水面光伏应用则适合应用于各个区域，是现在水面光伏应用主要的结构连接方式，对于水面适应能力较强。漂浮式光伏应用主要采用浮体为结构材料，将光伏组件安装于浮体层表面，如图2-30～图2-33，图3-57所示。漂浮式水面光伏应用的优点在于其施工难度相对于前两者较小，尤其是在岸边设置安装平台进行浮体结构组装，组件安装完后直接入水的安装方式可以大大节约安装时间，但漂浮式水面光伏应用的缺点在于对环境要求更为苛刻，需要符合径流稳定、风速低、光照条件好、水位变化较小、开发条件较好、无大规模航运、生态非敏感区等条件的水域，而城市内景观水域大部分都符合这类要求，因此较为适合应用于城市内，但风速以及结冰的影响仍需考虑。水面景观光伏应用具有多方面优势：下方水面可以降低光伏组件的温度，提升光伏组件的输出功率，同时水面光伏应用遮挡也相对较小。对于水面景观而言，光伏应用可以降低水面蒸发量，同时由于光伏组件遮挡，可以减少水下藻类光合作用，抑制其生长，保证水体质量。

人造构筑物景观光伏应用以及景观小品光伏应用相对较为独立，按照景观需求进行光伏组件应用，需要注意周围环境对于光伏组件尽量无遮挡，同时构筑物以及景观光伏小品应对周围环境具有美化环境等积极影响。

景观光伏应用范围广，应用潜力巨大，不论是地面景观光伏应用、水面景观光伏应用还是人造构筑物景观光伏应用等，都需要充分考虑日照条件以及周围环境的遮挡情况，包括周围环境对预安装区域的遮挡情况、光伏应用区域对绿色植物等生态基础设施的影响均需要最小化。还要考虑景观光伏应用对城市热岛效应的影响，尤其是大面积地面景观光伏应用，如1.2.2.2节中相关研究表明[177]，城市郊区大面积光伏应用会引起区域温度升高，而城市郊区温度升高会使城市热岛效应进一步加剧。本书于1.2.2.3节中进行过说明，1.2.2.2节中的研究均处于干旱气候条件下进行测试，而其他气象条件下郊区大面积光伏应用对城市热岛效应影响的研究还缺失，城市郊区大面积地面景观光伏应用对城市热环境的影响，尤其是单纯的地面景观光伏应用（如1.2.2.2节中的类型），可以考虑采用复合式应用方式，即光伏组件下方种植绿色

图 3-57　漂浮式水面光伏应用

（图片来源：聚能新能源官网）

植物等。在景观光伏应用结构方式方面，应该避免地面平铺式，而采用支架式，同时保证光伏组件背面通风顺畅。而水面光伏应用则需要考虑所应用区域的水资源条件，建议选用漂浮式。城市中水景光伏应用尤其是人造水面，由于水深较浅，可以考虑使用打桩式，跨度较小的水面也可以选用横跨式。

3.2.4 其他基础设施光伏应用方式

其他基础设施光伏应用通过将光伏组件与基础设施相结合的设计，利用光伏组件为基础设施供能，主要为路灯以及信息系统应用，具体包括铁路车站信号与通信系统电源、移动通信电源、气象站通信电源、公路交通信号灯等。相对于前文中的建成环境光伏应用方式，基础设施光伏应用面积较小，属于建成环境中的能源辅助应用设施，但其对于稳定性要求较高，需要确保功能稳定，因此常配有蓄电池或者并网使用。由于基础设施周围环境往往更为复杂，遮挡较为严重，在选取应用区域时，更应该注意防止遮挡，确保光伏组件工作效率最大化，同时还应满足审美需求。

3.3 建成环境光伏应用设计方法与流程

在3.1节中对建成环境光伏应用中的光伏应用材料进行了总结，在3.2节中对建成环境光伏应用中的光伏应用方式进行了总结以及建议，进而在本节对建成环境光伏应用设计中的注意事项进行进一步归纳，并提出建成环境光伏应用设计流程，以使建成环境光伏应用可以更好地适应社会环境、经济环境、美学环境、生态环境等多方面需求。尤其是美学环境方面，研究表明视觉的审美影响量化后主要包含主观以及客观两方面指标。其中客观指标主要可以用四项参数的加权进行表示：可见性（visibility）64%、色彩（color）19%、形式（fractality）9%，以及环境协同性（concurrence between fixed and mobile modules）8%[250]。倘若采用合理的光伏设计方法以及技术，降低客观影响，提升工程师对美学的设计认知，提高社会公众的参与程度，就可以大大削减其对城市建成环境所造成的消极影响，更好地发挥其积极影响。

3.3.1 建成环境光伏应用设计原则

建成环境光伏应用的安装方式影响着美学环境以及社会环境，采用适宜的安装方式可以更好地缓解建成环境光伏应用的不利影响，最大限度地发挥其环境以及经济价值，但是何种建成环境光伏应用方式才是符合建成环境需要的？在此，根据国际能源署光伏项目组Task 7中的建筑光伏应用设计标准[89]进行进一步发散，提出对建成环境光伏应用设计原则的建议。

3.3.1.1 融合

建成环境光伏应用应该形成一种与原有建成环境自然融合的状态，就是假如没有安装光伏系统，建成环境便仿佛缺少了什么，就不完整了。建成环境光伏应用中的光伏组件应该与建成环境合二为一，不论是建筑光伏应用还是其他建成环境光伏应用，光伏组件都不应该独立存在，应该与环境相融合。例如，在既有建筑光伏应用中，光伏组件应该如同改建前就存在一样，而不是一眼就可以看出其与建筑本身的隔阂，换而言之，光伏组件的安装不必过于显眼，而应该恰到好处地应用到建成环境中，并且保证光伏组件应用形式与周围环境相一致。例如在高科技建筑中就可以大面积应用具有科技感的光伏系统，光伏组件作为一种高科技感的设计元素就可以融入环境，为整个区域创造一种科技感氛围。

3.3.1.2 协调

建成环境光伏应用中光伏组件的色彩与材质应该与建成环境周围环境相协调，包括与周围环境中建筑外观以及其他基础设施相协调。在不同的区域选取适宜的光伏组件类型，选取与环境相协调的色彩、透明度、形状以及材质的组件，以满足不同区域环境的需要。同时，还需要注意光伏组件的安装尺寸与周围环境的协调，尤其是在建筑立面光伏应用中，光伏组件组成的点、线、面元素与建筑立面以及周围环境是否协调，取决于其在原有建筑立面以及周边环境中的比例尺度，两者应该协调，创造出美观的立面构图。除以上两点之外，还需要考虑周围环境与光伏组件的"协调"，防止周围环境中树木、建筑对光伏组件产生遮挡，并且还应该根据所在区域的日照情况以及美学环境确定光伏组件的安装朝向以及安装角度，确保光伏组件与所处区域的协调。

3.3.1.3 创新

建成环境光伏应用可以为建成环境引入更多与环境相协调的设计元素，创新式的光伏应用设计可以为建成环境赋予更多新鲜的血液。光伏组件作为建成环境中的一部分，其所具有的创新性会使得人们更为关注这种新型材料，也可以增加人们对其的认知，帮助建筑师、景观师以及规划师创造出更多新的设计理念，引领新的设计方法。越来越多的光伏设计竞赛为新型设计理念提供了平台，例如太阳能十项全能竞赛、虚拟世界太阳能竞赛等都激励着新的光伏设计思路以及先进技术手段的产生。与此同时，设计师在建成环境光伏应用初期就与工程师一同考虑建成环境光伏应用的创新，也有助于更多好的应用方式的产生。

3.3.1.4 保护

良好的建成环境光伏应用方式不光会为建成环境创造出更好的美学环境以及生态环境，还需要考虑光伏组件对于原有建成环境的保护以及光伏组件自身的正常运转。建成环境光伏应用方式直接关乎建成环境抵御天气影响的能力，尤其是对一些应用细节的考虑更是十分重要。如在建筑光伏应用中需要考虑建筑防雨以及防风等一系列问题，因此光伏组件应用过程中需要充分考虑到其基础结构安装过程中对建筑抵御风雨能力的影响，并且选用可以轻松安装的光伏系统以及光伏组件安装方式，可以确保建筑在光伏组件安装过程中也可以防风雨侵袭。除了考虑保护建成环境外，还需要考虑对光伏组件本身的保护与维护。为了保证光伏组件不被人为破坏，应该采用需要特殊工具才能操作的铆钉以及螺钉进行组件固定与安装，并且选择更为坚固的盖板材料以及连接构件，以抵抗风荷载等不利影响。还应该避免使用永久性光伏组件连接方式，需要考虑对光伏组件的替换与维护问题，选取可以独立安装或拆卸的光伏组件连接方式也是对于光伏组件本身的一种保护手段，是维持其工作的基本要求。

3.3.1.5 复合式

建成环境光伏应用中，对于光伏组件应用区域采用复合式应用方式，为有限的光伏应用区域提供更多的使用功能，可以更大限度地降低安装成本。例如在建筑屋顶光伏应用中，可以将屋顶花园或屋顶农业结合在其中，或者直接设置屋顶光伏农业大棚，光伏组件在进行电力生产的同时，还可以进行农业生产，一个屋顶复合更多的功能，可以创造更多的经济价值，也就降低了安装成本。在建成环境其他区域利用光伏组件，也可以采用复合式应用方式，利用光伏组件作为区域的遮阴，在创造出灰空间的同时能够防止光伏组件被损坏以及遮挡，进而产生更多的能源。

3.3.2 建成环境光伏应用组件选型

如本书3.1节所述，如今光伏组件类型多种多样，建成环境光伏应用中光伏组件应该与建成环境相协调，充分考虑光伏组件在应用过程中对环境的影响，选择适合当地气象条件以及美学环境要求的光伏组件。

光伏组件的工作效率主要受光照以及温度影响较为强烈，且具有明显的非线性特点，因此需要依据不同光伏组件的输出特性选择适宜的光伏组件。辐射强度较好且对可见性影响较小的区域可以选取高效率的晶硅光伏组件，辐射强度较差的区域适宜选用弱光性较好的薄膜光伏组件。除了充分考虑光伏组件的日照条件外，还需要考虑工作温度的相关影响，尽可能降低光伏组件的表面温度，确保光伏组件工作效率最大化。

在建成环境光伏组件应用过程中，较为常见的光伏组件主要为黑色、深蓝色、灰色以及深褐色，这些颜色大面积应用会与城市环境本身的色彩存在较大的差异。尤其是建筑立面光伏应用中，与周围环境的差异往往较大。但这也与所处区域的建筑风格以及环境相关，如前文所述，对于创新以及科技感较强的区域，往往这些传统色彩的光伏组件可以适应所处环境的需求，创造出科技感。而随着丝网印刷技术以及光伏技术的发展，光伏组件的色彩以及纹理也在逐步地改进，在城市建成环境应用过程中可以适当地选用与环境色彩较为匹配的光伏组件进行应用，如图3-19、图3-20所示，可以利用丝网印刷技术的光伏组件模仿出砖墙的纹理与色彩。

光伏组件除了色彩、纹理外，还需要对光伏组件的形式进行关注。有边框的光伏组件在建成环境应用中会形成一个个有边框的色块，而无边框的光伏组件在建成环境应用中则可以作为一个完整的面，这两者虽然只有一个边框的差异，但构成的效果却差别较大。例如在建筑坡屋面上，无边框光伏组件可以与建筑屋面形成和谐统一的外形，屋面也不会受到不同颜色或者电池材料边框的影响，同时电池本身的黑色与屋面色彩也相近，看上去就更为完整，如图3-58所示。采用与电池颜色相近的边框可以创造与无框光伏组件一致的效果。而采用银色等与光伏电池色彩不同的边框的光伏组件则是另外一种效果，尤其是较宽边框的光伏组件应用时，强调每块光伏组件的分隔以及面积感，如图3-59所示。

建成环境光伏组件选择过程中，除了以上所说色彩、纹理、形式外，对于光伏组件中光伏电池片的尺寸与间隙的选择也是至关重要的[251]，特别是在选取间隙透光光伏组件时，不仅需要考虑其正面对建成环境的影响，还需要考虑背面的影响。例如安装有光伏玻璃的建筑室内或者安装有光伏组件的停车场，光伏组件背面会影响

（a）德国卡洛某教堂屋顶　　　　　　　　（b）德国德累斯顿某教堂屋顶

图3-58　无边框光伏组件应用案例[245]

图 3-59 德国比勒费尔德旭格集团总部大楼的光伏外立面[243]

到人们的视觉感受，会对光伏组件后方或者下方产生遮阴。同时更大的电池片间隙意味着虚实关系中"虚"的占比更大，会有更多的光线射下，也会给人更为开敞的感觉，而较小的间隙则会有更为私密的感觉。光伏组件与人们的安装距离同样会影响到光伏组件的选择，更远的安装距离会使得原本更大的间隙在视觉上缩小。除了视觉影响外，在建筑应用中，间隙透光光伏组件电池片的尺寸与间隙大小还会影响建筑能耗以及采光，例如天津大学李卓的研究[252]，提出在天津地区办公建筑的不同朝向采用光伏玻璃，并对其采光性能以及节能性能影响进行研究，得出电池覆盖率在南向为60%、其余朝向为40%时，全年建筑能耗降低最多的结论。

综上所述，在进行光伏组件选择时，需要综合考虑光伏组件的材料类型、色彩、纹理、组件形式以及电池片的尺寸与间隙等多方面因素，以满足建成环境光伏应用所处的区域环境需求。

3.3.3 建成环境光伏应用形式设计

如本书3.2节所总结，建成环境光伏应用主要可以分为建筑、道路、景观以及其他基础设施光伏应用，不同的应用区域包含多种不同的结构形式，其中最为传统的光伏应用方式就是运用支架进行光伏组件的固定。支架式光伏应用往往可以使光伏组件拥有更好的朝向以及最佳倾斜角度，进而以最大效率产生能源，但与此同时，由于一体化程度相对较低，对于建成环境的视觉影响有时也较大。同时随着光伏技术的发展，也开发了多种一体化应用技术，尤其是在建筑光伏一体化应用领域。光伏与建成环境一体化应用可以使光伏组件更好地融入建成环境当中，减少其对于美学环境的影响，并且节约成本[253]。但其中也有不少应用方式由于背面缺少通风流道，会在光伏组件下方产生积热效应，影响区域热环境。因此不论是传统的支架式光伏应用方式还是一体化光伏应用方式，都需要充分考虑到光伏组件在应用方面对美学环境、生态环境以及社会环境等的影响，进行应用方式设计，使建成环境与光伏组件可以协调统一，并且保证光伏组件以最大效率工作。

建成环境光伏应用中不论是一体化应用方式还是普通支架式应用方式，都需要对光伏组件应用方式进行设计，调整光伏组件之间的密度、单块大小以及所组成的形状，进而创造出不同的光伏组件排列方式。如表3-1所示，对光伏组件在建成环境中的排列方式进行总结，可以分为以下几个类别：无间隙式、行式阵列、点式阵列、依据环境地形阵列以及自由式阵列。

城市建成环境光伏应用安装方式　　　　　表3-1

安装方式	无间隙式	行式阵列	点式阵列	依据环境地形阵列	自由式阵列
案例名称	太阳能道路（SolaRoad）	天津大学26教学楼	中新生态城中央大道路旁绿化	农业能源系统（Agrinergies system）	美国布法罗大学的太阳能链（Solar Strand）
案例地点	克罗默尼，荷兰	天津，中国	天津，中国	留尼汪岛，法国	纽约，美国
案例照片					
布局方式					
适宜区域	建筑顶面、建筑立面、景观、道路上空、停车场上空	建筑顶面、建筑立面、景观、道路上空、停车场上空	建筑顶面、景观、道路上空、停车场上空、其他基础设施	建筑顶面、景观	建筑顶面、建筑立面、景观、道路上空、停车场上空

无间隙式指直接进行无接缝的光伏组件铺设。无间隙式的光伏组件应用形式是将光伏组件设计成一个整体的面作为设计语言，整体性较强，但如前文所述，需要保证背面流道通风，因此在安装时不建议采用背面无间隙的平铺方式，应该保留10cm以上安装距离，确保气流组织。必要时可以结合机械式通风系统或者被动式通风等通风方式进行光伏组件背面的气流组织。该光伏组件应用形式主要可以应用于建筑顶面、建筑立面、景观、道路上空以及停车场上空。

行式阵列是将光伏组件采用一定的间距进行铺设，是较为常见的铺设方式。由于光伏组件之间有固定间距，更便于光伏组件背面空气流通组织，同时可以结合光伏组件最佳倾角进行应用，最大限度地发挥光伏组件的工作效率，对应用场所的约束也相对较少，但需要着重考虑视觉效果。行式阵列光伏组件应用形式可以应用于建筑顶面、建筑立面（光伏遮阳等）、景观、道路上空以及停车场上空等。

点式阵列是指光伏组件按照点式进行分散布置，光伏组件之间并没有明确的间距。该光伏组件应用形式强调一种组团感，几块光伏组件依据周围环境情况进行点式分布，可以更好地与环境相结合，同时满足光伏组件的日照需求。点式阵列光伏应用形式中光伏组团可大可小，取决于周围环境以及方案设计，因此该形式可以应用于建成环境中多个领域，但需要注意在设计过程中，仍需要遵循某种逻辑进行排布组织设计，否则将会显得杂乱无章，一般常采用一定的比例尺度模数或者沿着某参考线方向等进行布置。点式阵列光伏应用形式可以应用于建筑顶面、建筑立面（需要对立面与周围环境关系进行充分考虑）、景观、道路上空、停车场上空以及其他基础设施等。

依据环境地形阵列是指光伏组件应用过程中与地形环境贴合进行布置，可以很好地与环境融合。但依据环境地形阵列并不是指直接贴合环境布置光伏组件，仍需要距离地面（或者屋面、墙面等）保留空气流道，确保光伏组件背面通风。该种光伏应用形式由于与周围环境关系较为密切，可以省去更多的材料，降低造价，同时对环境的影响也相对较小。该种光伏应用形式主要用于建筑顶面、景观等区域，也可以与前三种形式进行组合应用。

自由式阵列与点式阵列类似，都是采用几组光伏组件进行组团式光伏组件应用，但不同点在于，在本书中所提及的点式光伏阵列所强调的是最大限度地产生能源，而自由式阵列设计则是以最优的设计作为出发点。利用光伏组件组团创造出更好的视觉效果以及空间环境，同时依旧需要考虑光伏组件的日照情况，包括光伏组件之间的影响以及环境对光伏组件的影响，并非完全的"自由"。该种光伏组件应用形式可以应用于建筑顶面、建筑立面、景观、道路上空以及停车场上空等。

建成环境光伏应用设计中除了需要考虑以上光伏组件应用组合形式外，在光伏组件安装过程中还需要考虑光伏阵列以及组件之间是否有遮挡，尤其是倾斜式安装，因此，光伏阵列或者组团之间需要设置安装间隙。建成环境光伏应用过程中还需要保证光伏组件对周围环境没有遮挡，确保城市基础设施的正常运行以及植物的正常生长。与此同时，可以对光伏阵列间隙空间以及光伏组件下方空间进行多功能复合式利用，增加区域能源土地最大化应用，可以创造更多的价值。进而对建成环境光伏复合式应用形式以及可复合的功能进行总结，如表3-2所示，可以增设漫步、骑行、种植等多样化功能，使得空间利用价值最大化，同时也可以增加公众对其的认知，创造更多的社会以及经济价值。尤其是建成环境光伏应用复合农业种植，在间隙空间以及光伏组件下方空间进行光伏农业应用，能够在多层次能源利用的同时节约土地，创造更多的社会以及经济价值[202]。

建成环境复合式光伏应用中主要的复合式应用区域包括建筑顶面以及景观两个

领域，如表3-2所示，通过综合养殖、农业等，可以在电力生产的同时创造更多的经济效益，而植物的蒸腾作用又可以调节区域潜热，进一步降低光伏组件温度；复合多样化景观则可以创造更为丰富的视觉环境，同时也可以降低光伏组件温度；而复合道路、展览活动以及休憩活动等功能可以为建成环境光伏应用区域提供更多的社会价值，在进行能源生产的同时，利用光伏组件创造出更多的社会参与空间，例如光伏停车场就属于复合型土地应用方式中的一种。

建成环境复合式光伏应用方式　　　　表 3-2

图例							
功能		养殖（渔业、畜牧业）	农业	多样化自然景观	道路	展览活动	休憩活动
建筑顶面	下方	√	√	√	×	√	√
	间隙	×	×	×	√	×	×
景观	下方	√	√	√	√	√	√
	间隙	√	√	√	√	√	√

整体而言，建成环境光伏应用设计中，光伏组件阵列或者组团设计需要考虑阵列安装间隙以及空间的复合式应用，保证光伏组件本身、基础设施以及绿色基础设施的正常运转，最大化发挥土地潜力，创造更多的经济、社会价值以及生态价值，降低不利影响。

3.3.4　建成环境光伏应用方案评估

通过前文中对建成环境光伏应用设计中光伏组件的设计选型以及光伏组件阵列形式选择的分析，对建成环境光伏应用设计方法以及设计形式进行了简单分析与总结。可以看出，通过建成环境光伏应用的合理化设计可见性、色彩、形式以及协同性等美学环境客观因素，可以从客观角度最大化提升建成环境光伏应用美学。但建成环境光伏应用设计不仅包含客观因素，还包括主观审美影响因素。Torres-Sibille等人[250]认为美学环境的主观审美影响因素主要包括：心理愉快、整体复杂性、与场地环境的一致性、社会开放性、情感、创新性等。人们对于审美设计的主观评价很难进行量化表示，但这一点却对美学有着严重的影响。尤其是在建成环境光伏应用领域，据国际能源署光伏项目组Task 7小组调查发现，公众对建成环境光伏应用接受度仍较低，同时对建成环境尤其是建筑光伏应用领域美学的态度仍较为消极。例如Mierlo[254]对荷兰几处建筑光伏应用项目的调研显示，大致有超过一半的房屋购买者认为光伏组件降低建筑外立面美观度。除此之外，群众对于城市光伏应用的经济、社会、生态效益的了解也不是很多，这也影响着人们对于城市光伏应用的主观判断。

建成环境光伏应用中，心理愉快、整体复杂性、与场地环境一致性与创新性这些美学环境主观审美影响要素，都是和建成环境光伏应用方案密切相关的。公众通过对建成环境设计方案的提前评判，可以在项目落成前对项目进行评判与认知，进而可以更好地了解项目，并且提出自己的建议。随着虚拟现实技术（Virtual Reality，简称VR）❶的发展，为公众预先了解建成环境光伏应用项目的设计方案以及美学环境评价提供了可能[255]。借助虚拟现实技术，设计师、工程师以及公众可以还原建成环境光伏应用后的样子，使公众对于利用光伏组件后的美学环境有更为直观的了解，为设计师以及城市居民提供适人化（Humanoid）的、多维度的信息交流空间，拓展其感受以及控制未来城市形象的能力[256]。同时，还可以对建成环境光伏应用设计方案进行实时编辑与修改，进而创造符合公众主观需要的建成环境光伏应用方案。

除此之外，Farhar等人[257]对建成环境美学中光伏技术的公众接受程度进行了研究，研究表明，有75%的公众对于光伏组件应用中的金融风险存在质疑，52%的公众对于光伏组件应用中的健康与安全问题存在疑惑，可以看出这些都是公众对光伏应用项目认知的缺失。因此，通过对方案的光伏潜力模拟、经济回收周期评价以及使用安全性报告等内容的公开，可以使公众对未来身边的光伏应用有更为直观的了解，进而从社会开发性、情感等方面提升公众对建成环境光伏应用项目的认知，可以使居民更为客观地去评价建成环境光伏应用方案，同时对光伏技术也会有更好的认识。日本在该方面作了很多普适性宣传，包括对光伏组件发电能力的介绍以及建筑光伏应用中光伏系统发电潜力的介绍，如图3-60a、b所示，在创造了更多的社会开放性的同时，普及了光伏组件相关知识，从情感上增加了日本民众对于身边光伏应用的认同感。中国也有很多项目采用类似的能源展示方式，如图3-60c所示，天津英利公司对于其工厂内光伏组件系统日均发电量、减少碳排放、节约能源等数据进行了展示。

---

❶ 虚拟现实是一种综合计算机图形、多媒体、传感器等多种技术发展起来的新兴技术，它为使用者提供视觉、听觉及触觉等感官的模拟，进而实现对虚拟世界中物体的考察和操作。

 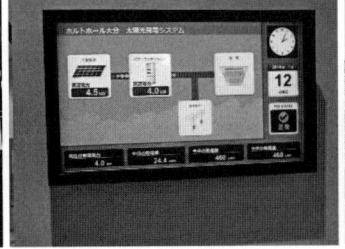 

（a）日本京都某商场内售卖的光伏组件　　（b）日本大分县民众活动中心中展示的光伏系统以及相关经济、生态、能源参数　　（c）天津英利集团公司门口光伏系统数据展示

图 3-60　光伏技术的普适性宣传展示

综上所述，通过采用虚拟现实技术可以让公众对建成环境光伏应用项目的设计有预先的判断与参与，进而提升公众的美学环境评价。同时，通过对建成环境光伏应用项目中的发电潜力、生态潜力、经济效益评价以及安全性评价等相关信息的提供与展示，可以最大限度地消除公众对于光伏应用的误解。其中建成环境光伏潜力测评方法将在第4章进行详细介绍。最终，促使建成环境光伏应用可以更好地为公众服务，消除公众的疑虑，同时也可以在今后项目运行中培养公众对光伏组件的保护意识，确保其顺利实施与工作。因此，通过引入方案评估，如图3-61所示，可以促使公众从美学环境评价、光伏潜力评价、经济效益评价以及安全性评价等角度进行叠加分析，对建成环境光伏应用项目有更为全面、客观的综合评价，进而减轻公众对建成环境光伏应用的消极情绪，并创造更适应环境的美学设计方案。

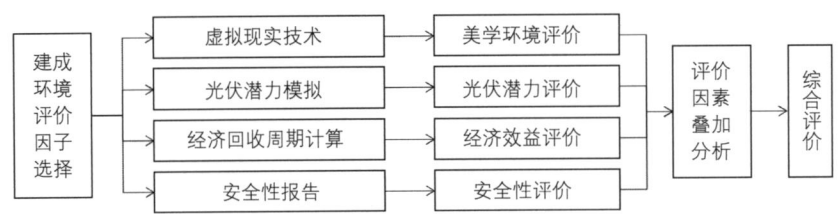

图 3-61　建成环境光伏应用方案评估方法与流程

3.3.5　建成环境光伏应用设计流程

通过合理的设计流程以及设计方法，可以最大限度地推进建成环境光伏应用，发挥其优势。因此，在此对建成环境光伏应用设计流程进行总结。如图3-62所示，在建成环境光伏应用项目设计中，结合光伏应用区域的物理环境、经济条件、社会条件以及美学环境的仔细调查与分析，遵循建成环境光伏应用设计原则，选取适宜的光伏组件类型以及光伏组件应用形式，建立初步设计方案，通过虚拟现实技术让公众评判设计方案的美学环境，并且进行生态效益（潜力评估等）、经济

第3章 建成环境光伏应用设计方法研究

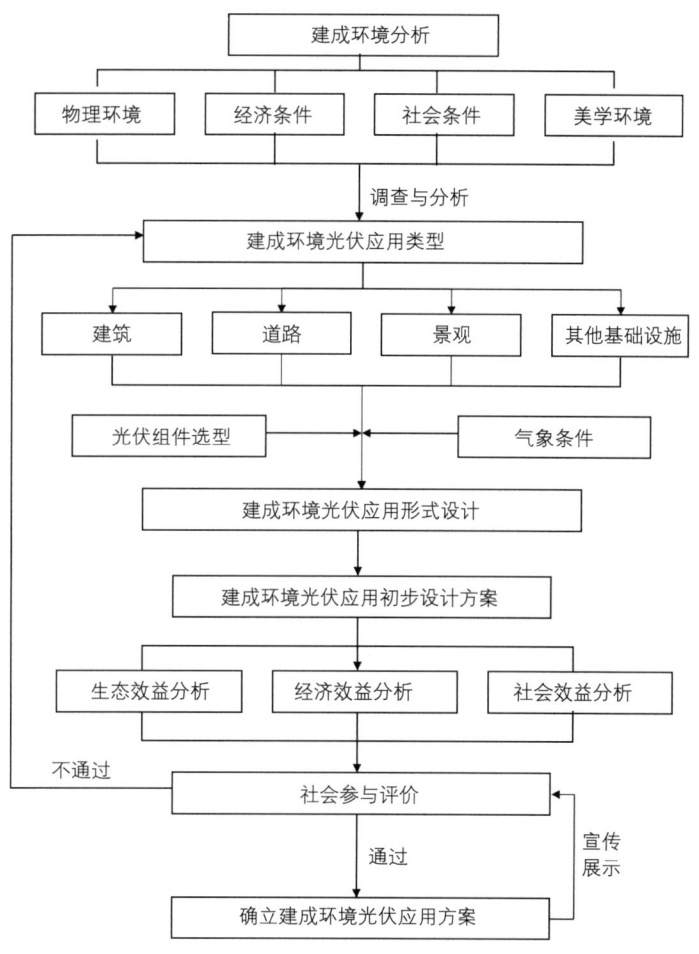

图 3-62 建成环境光伏应用设计流程

效益以及社会效益评估，将评估结果交予城市居民进行评价，当公众予以消极反应或者提出建议，再结合工程师以及设计师的意见进行修改，重新对建成环境光伏应用设计方案进行设计，直至最终确立建成环境光伏应用方案。但需要注意的是，该流程所反映的区域范围实际为街区尺度，并非大尺度建成环境光伏应用设计流程。

通过该建成环境光伏应用设计流程设计出的建成环境光伏应用方案，综合了物理环境、经济环境、社会环境以及美学环境等因素，同时依据环境要素进行了科学的光伏组件选型以及光伏组件应用形式设计，并最终通过公众的参与，为项目的推进创造了更多的机会，也使得美学环境得到了公众的认同，并且在实施过程中，通过对光伏组件信息的宣传，从社会环境的角度加大了公众对于建成环境光伏应用的认识，从多个角度推进了建成环境光伏应用的普及，也为未来建成环境光伏应用提供了辅助。

第 4 章 建成环境光伏应用潜力测评方法研究

在第3章中对建成环境光伏应用设计方法以及设计流程进行了总结与介绍。其中提到公众对于建成环境光伏应用的认知程度较低，并且存在很多疑问与顾虑。因此，为了提高公众对于建成环境光伏应用项目的认知度，同时为政府部门制定电网能源调控政策提供参考，推进建成环境光伏应用项目的开展，本书将建成环境光伏应用发电潜力以及经济效益等相关数据对公众公开，以帮助公众增加对于建成环境光伏应用的认识，消除顾虑，并以此鼓励更多的客户投资以及应用光伏系统。

然而，如本书1.2.2节建成环境光伏应用潜力测评方法相关文献综述所述，目前对建成环境光伏应用潜力测评方法还缺乏一个较为全面的统计以及归纳。尤其是对非建筑建成环境光伏应用潜力测评的相关研究比建筑光伏应用潜力测评研究要少很多，并且缺乏高精度、低成本的建成环境光伏应用潜力测评方法。特别是针对城市复杂建成环境光伏应用如何设置约束条件，避开城市基础设施以及生态基础设施，保证基础设施的正常运转，并满足日照条件需求等因素的考虑均较少。

本章将提出两种针对复杂建成环境的光伏应用潜力测评方法，并结合实际案例进行方法操作说明，确保方法的可行性。同时，在本章最后，对现有的建成环境光伏潜力测评方法与本书提出的两种光伏潜力测评方法进行比较分析，总结出不同潜力测评方法所适用的范围以及优缺点。

4.1 建成环境光伏应用潜力测评软件选择与精度分析

本书1.2.2节中对建成环境光伏应用潜力测评中几何信息的获取方法进行了较为详细的讨论与总结，本节将对光伏应用潜力测评软件进行总结，并着重对本书中所选取的建成环境潜力测评软件PVSYST软件进行介绍，同时将依据新加坡实地测试结果对软件精确度进行验证，确定该软件的可用性，为未来建成环境光伏应用潜力测评提供理论支持。

4.1.1 建成环境光伏应用潜力测评软件选择

随着建成环境光伏应用领域相关研究以及实施案例的增多以及人们对于光伏技术的重视度提高,对光伏应用潜力物理仿真方面的研究也越来越多,全球有多个国家的研究机构均提出了可以用来进行光伏潜力测评的物理仿真计算机模型,并且有多个研究机构将其研究成果研发为光伏应用潜力测评软件。在此,本书在新南威尔士大学太阳能研究小组对建筑光伏一体化设计工具的总结成果的基础上,结合近几年来Myers[258]、Stein等人[259]、Aste等人[260]对于光伏应用潜力测评软件以及算法方面的研究与总结,本书进一步进行总结,如表4-1所示。当然,除了这些软件外,还有ITE-BOSS、PVS、PVSHADE等软件也可以对光伏潜力进行测评,但本书主要针对广泛应用并且仍在更新的软件,故并未将其在表中列出。

光伏潜力测评软件总结　　　　表 4-1

软件名称	开发人	工具特性	年份
ASHLING	爱尔兰科克全国微电子中心	前期光伏设计	1997
Energy	美国国家可再生能源实验室,劳伦斯伯克利国际实验室,伯克利太阳能小组	前期光伏设计	1997
TRNSYS	美国威斯康星大学与TESS公司	光伏科学模拟	1995
PV CAD	德国ISET学院	前期光伏设计	1999
PV Design Pro G	美国桑迪亚实验室与Maui太阳能公司	前期光伏设计	1999
PV DIM	法国Genec公司	光伏前期设计与尺寸设定	1994
PV FORM	美国新墨西哥州桑迪亚国家实验室	光伏前期设计与尺寸设定	1997
PV-Node	德国斯图加特巴登-符腾堡	光伏前期设计与尺寸设定	1992
PV-SHAD	德国奥尔登堡大学	光伏前期设计与尺寸设定	1995
PVSOL	德国柏林瓦伦丁(Valentin)能源软件有限公司	前期光伏设计	1999
PVSYST	瑞士日内瓦大学环境科学院能源小组	前期光伏设计	1997
PV-TAS	德国奥登堡大学	光伏前期设计与尺寸设定	1994
PV WATTS	美国国家可再生能源实验室	光伏前期设计与尺寸设定	1999
RETScreen	加拿大CANMET自然资源能源多样化实验室	光伏前期设计与尺寸设定	1999
Solar Pro	日本LaPlace系统公司	前期光伏设计	2000
Solarsizer	美国CREST公司	光伏前期设计与尺寸设定	1996
WATSUN PV	加拿大安大略省滑铁卢大学WATSUN Sim实验室	光伏前期设计	1997
Polysun	瑞士SPF太阳能测试中心以及Vela Solaris公司	光伏前期设计与尺寸设定	1992
Archelios	法国Cythelia公司(后被法国TRACE公司收购)	光伏前期设计与尺寸设定	2006

第4章 建成环境光伏应用潜力测评方法研究

不同的光伏潜力测评软件有其各自的优点，其中TRNSYS、PVSOL、Archelios、Polysun、PVSYST等商业软件是现如今最为常见的光伏潜力测评软件。其原因在于这几款软件都可以针对环境遮挡进行分析，同时也提供光伏系统数据库以及气象数据库，并支持用户自己输入数据库，这样可以在进行技术潜力测评时，使得测试结果更为准确。本书在此着重对这几款软件进行简单介绍，并重点介绍PVSYST这款光伏潜力测评软件。

PVSYST软件是瑞士日内瓦大学环境科学院能源小组（Energy Group of University of Geneva）开发的一款光伏设计领域较为专业与权威的潜力测评软件，可以对光伏系统应用能源生产潜力以及经济效益进行评估。该软件采用One-Diode模型描述光伏组件[261][262]，并采用Perez POA（Perez Plane of Array）模型[263]用以计算太阳辐射。PVSYST软件提供了初步仿真以及专业项目仿真两种使用模式。两种模拟方式都可以以一小时作为步长，根据逐小时的辐射数据、项目地点、光伏参数以及方阵布置三维模型等计算得到逐小时光伏表面所接收到的总辐射量，再将仿真表面上每小时总辐射、气温等数据输入到光伏系统模型中，按照能量流向，计算光伏组件、直流电缆、逆变器、交流电缆以及变压设备等电量损失，进而得到每小时并入电网的发电量，具体流程如图4-1所示。与此同时，PVSYST软件还拥有大量光伏系统数据库，包括光伏组件、逆变器、储能装置等可供选择。除此之外，在气象数据方面可以加载多来源气象数据库，例如Meteonorm、Satellight NASA-SSE、WRDC、PVGIS-ESRA 以及 RETScreen，也可以根据用户需要自行输入水平面总辐射、外部环境平均温度、水平面散射辐射以及风速等相关气象参数，用于光伏潜力模拟。该软件还可以使用不同货币种类进行经济效益评估，模拟系统生命周期成本以及上网电价等相关参数。

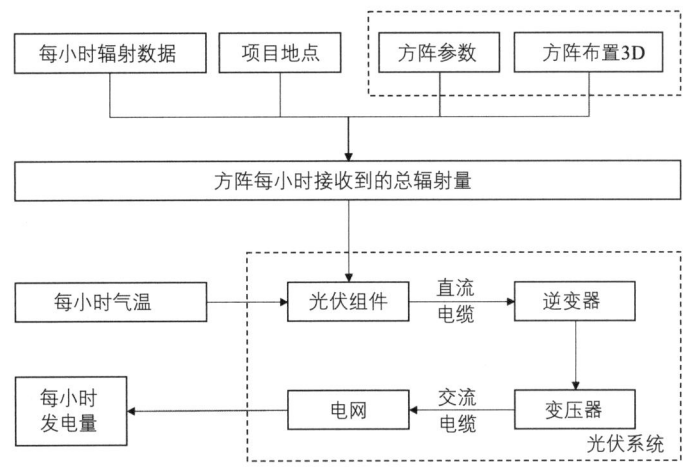

图4-1 PVSYST针对并网光伏应用潜力模拟流程

（图片来源：作者根据蒋华庆，贺广零. 光伏电站设计技术[M]. 北京：中国电力出版社，2014. 自绘）

TRNSYS是美国威斯康星大学以及TESS公司研发的一款基于模块化分析模式的模拟软件，可以模拟可再生能源系统、建筑能耗等。用户可以根据需要对程序内源代码进行修改，也可以添加所需要的相关数据输入程序，并且提供用户交互的三维模型处理界面。但缺点在于该软件较为专业，主要适合于有一定技术经验的相关专业研究者进行使用。TRNSYS光伏应用潜力模块中光伏组件采用One-diode模型进行模拟，而太阳辐射模型则采用Perez POA模型进行天空辐射计算。在气象数据录入方面，可以通过输入小时气象数据确保模拟数据的准确性。该软件可以与其他能耗模拟软件EnergyPlus等建立连接，因此TRNSYS软件是科研界较为常用的一款光伏应用潜力测评软件。

Archelios是法国Cythelia公司研发的一款基于Skecthup平台进行光伏模拟仿真、经济效益及成本预算的光伏应用潜力综合性系列软件。该系列软件包含三部分：Archelios Pro主要用于对光伏应用项目的设计、潜力模拟以及经济效益分析；Archelios Cal用于对光伏发电装置的选型与计算，以辅助完成对整个项目的准确把控；Archelios QM则可用于对运营中的光伏应用项目的把控。由于Archelios可以基于Sketchup三维建模软件进行光伏应用设计，设计者就能够根据实际环境进行模拟，并且对设计方案也更容易把控。在操作方面，更适合建筑师或者规划师进行使用。同时其建模以及系统设计更为详细，这也使得该软件在进行光伏应用潜力测评中更为精确[264]。

Polysun是瑞士SPF太阳能测试中心以及Vela Solaris公司研发的一款可以进行太阳能光热、光电、热泵以及太阳能空调模拟的系统模拟软件。在气象数据方面，用户可以根据需要自行输入每月的气象数据用于模拟，同时可以对运营维护成本、激励政策、能源价格以及燃料节省等多方面经济效益、生态效益进行评估。该软件还提供网上客户端，用户可以直接在网上选取地理信息、气象数据以及光伏系统信息进行太阳能潜力评估。

PVSOL是德国柏林瓦伦丁（Valentin）能源软件有限公司研发的一款模拟和设计光伏应用系统的软件。该软件采用Hay-Davies模型作为太阳辐射模型，并依靠标准情况（Standard Test Conditions，简称STC）下辐照度以及光伏组件特性曲线函数进行生产潜力的测评。气象数据方面可以允许MeteoSyn、Meteonorm、PVGIS、NASA SSE、SWERA和自定义输入每月的气象数据。除了光伏发电潜力外，该软件还可以结合欧洲地区上网电价，对经济效益进行测算。但参考文献[264]中对软件气象数据中风环境数据进行了质疑，因为程序中无法输入风速参数，影响了软件测试精度。

以上对几种较为常见的光伏应用潜力测评软件进行了介绍，不论何种软件都可以满足对建成环境光伏应用潜力测评的需要。在本书中主要选择PVSYST软件进行光伏潜力测评，原因在于该软件操作更为简便，而且拥有丰富光伏系统数据库，便于进行仿真模拟以及精度数据比对。

4.1.2 PVSYST 软件精度测试

如前文中所介绍的，不同的光伏潜力测评软件有不同的特点，不论是工程师还是建筑师以及规划师，都可以依据其所需选取不同的软件对光伏项目进行潜力测评，本书主要选择PVSYST软件进行分析以及光伏潜力测评。

英国布鲁内尔大学的Axaopoulos等人[264]针对TRNSYS、Archelios、Polysun、PVsyst、PVSOL和PVGIS几款软件，结合19.8kWp光伏系统的实际电能，进行了精度测试，对方根均差（Root Mean Square Error，简称RMSE）、平均绝对差（Mean Absolute Deviation，简称MAD）、绝对百分比误差（Absolute Percentage Error，简称APE）等参数进行比较，进而得出结论：TRNSYS软件精确度最高，PVGIS精度最低。但PVGIS并非商业潜力测评软件，作为快速潜力评估在线工具，该平台的准确度还是可以满足其对项目潜力进行快速评估的需要的。同时该文献还提出由于所有软件都高估了光伏组件所能接收到的太阳辐射，进而便高估了每月电能产量。

但Axaopoulos等人[264]对于软件精确度的研究是针对已经确定了装机容量的光伏系统的光伏发电潜力进行模拟，而实际上在建成环境光伏应用潜力测评项目中，建筑师以及规划师在进行光伏应用设计前期是无法获取光伏组件装机容量的，更常用的是光伏组件安装面积，依据安装面积进行光伏潜力的测评。而从面积的角度针对光伏潜力测评软件精确度模拟方面的测试仍较少，故本书利用实验手段对作者在新加坡所搭建的光伏应用测试平台（参见4.2节）中的多晶硅光伏组件的发电数据与PVSYST软件模拟数据进行比对，以了解软件误差大小，同时，也对PVSYST软件中的初步设计层级以及项目设计层级的光伏潜力精确度进行评估，以了解PVSYST的两种测评方式是否均可以满足精度需要。

本测试中采用ITECH公司的IT8512A+直流电子负载（150V/30A/300W）对光伏组件电压、电流以及功率数据进行记录，其中为了模仿逆变器最大功率点追踪情况下的光伏组件功率，在将逆变器拉载电压设置为光伏组件额定工作定电压30.55V的工况下进行光伏组件工作功率的测试，测试对象选为255W光伏组件进行光伏应用潜力测评，测试时间选为2017年10月至12月三个月。

正如本书4.1.1节中所介绍的，PVSYST软件具有初步设计以及项目设计两个评价层级，分别输出结果并进行验证。其中在PVSYST软件初步设计层面中，选取与实际测试中完全相同的工况进行模拟，如图4-2、图4-3所示，即标准非透光多晶硅光伏组件、平屋顶应用、光伏组件背面保留通风流道等。而在项目设计层面中，光伏组件选取与本测试相同的光伏组件类型，同为255W额定功率的光伏组件进行测试，并配合普通MPPT逆变器。其中两个层级的光伏测评都按照实际进行光伏组件朝向以及倾角设置，光伏组件朝向东向，倾角为15°。Axaopoulos等人已经对基于光伏组件装机容量的光伏应用潜力进行了验证，因此在本模拟中选择利用安装面积进行光伏潜力模拟以及结果的输出，并分别将每月光伏组件实际测量值与PVSYST软件两个层级模拟中的结果进行总结，如表4-2所示。

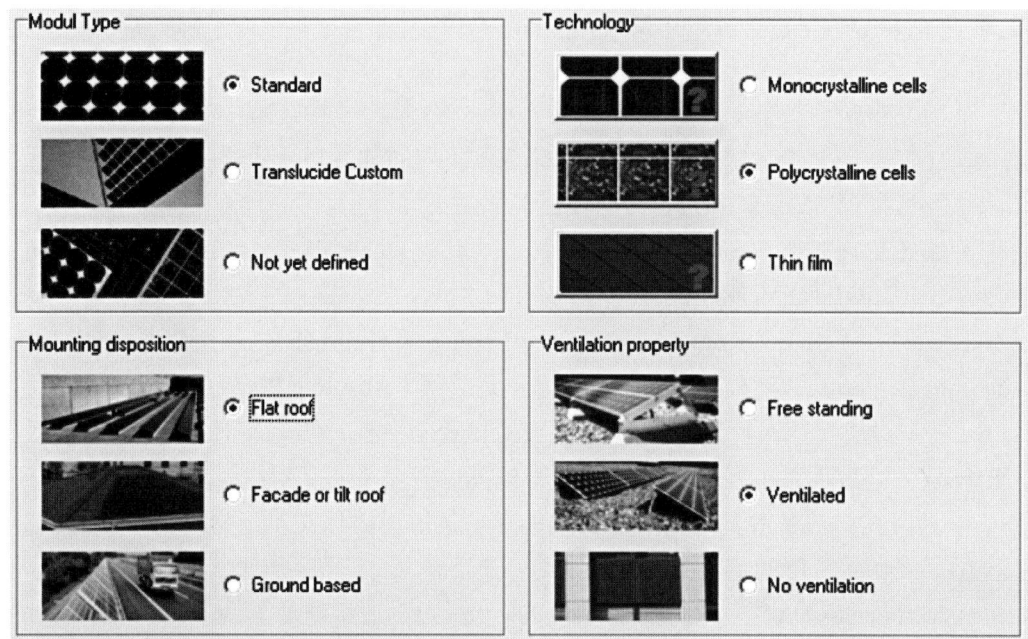

图 4-2　PVSYST 软件初步设计层级模拟条件输入示例

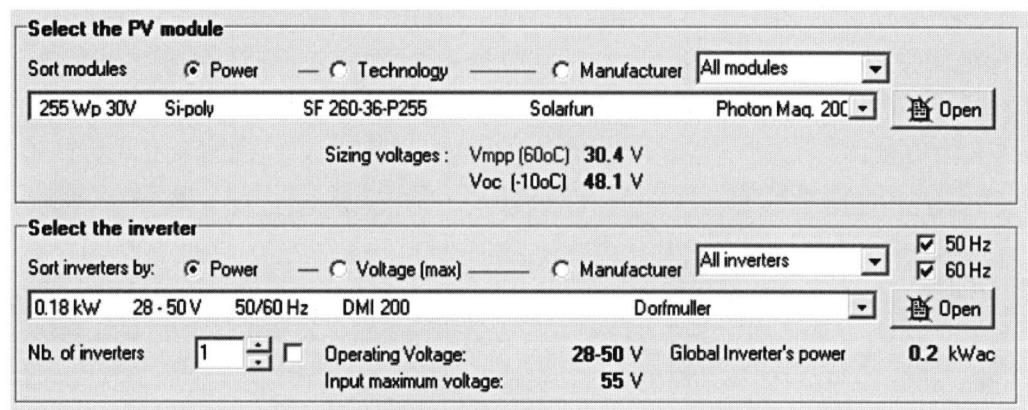

图 4-3　PVSYST 软件项目设计层级模拟条件输入示例

实测数据以及 PVSYST 软件模拟数据总结　　　　表 4-2

	10月份数据（kWh）	11月份数据（kWh）	12月份数据（kWh）
实测数据	24.75	19.89	21.81
PVSYST（项目设计）	23.56	20.41	20.89
PVSYST（初步设计）	18.00	16.00	16.00

　　本书对测试数据进行误差分析，参考Raftery等人[265]对于能源模拟计算误差分析的界定，采用与前人研究相同的误差测评方法，即平均误差（Mean Bias Error，简

称MBE）以及均方根误差（Coefficient of Variation of Root Mean Square Error，简称CVRMSE），对测试数据以及模拟数据进行对比。

其中MBE表示测量数据和模拟数据之间的无量纲偏差误差（Non-Dimensional Bias Measure），可以用它显示模拟结果的好坏[265]。MBE参数捕获了实测数据和模拟数据之间的平均差异，因此正偏差将补偿负偏差，从而导致抵消效应。为了进一步验证误差大小，还需要其他模型误差测量来解释如何消除误差。具体MBE参数公式如式4-1所示。

$$\text{MBE}(\%) = \frac{\sum_{i=1}^{N_p}(m_i - s_i)}{\sum_{i=1}^{N_p}(m_i)} \tag{4-1}$$

式中，m_i表示测量数据，s_i表示PVSYST模拟数据，N_p表示数据量，即在月份统计中$N_{month}=3$。分别将每月数据代入，可以得出，在项目模拟层级下，$\text{MBE}_{month}=-2.385\%$，而初步设计层级下$\text{MBE}_{month}=-24.749\%$。

而CVRMSE则表示更好的模型误差验证方式，其主要通过捕获测量和模拟数据之间的偏移误差来指示模型与测量数据的拟合程度，并且不存在抵消效应。因此，CVRMSE低就意味着测量和模拟数据之间的良好一致，并且是积极的。其计算公式如式4-2所示。

$$\text{CVRMSE}(\%) \frac{\sqrt{\sum_{i=1}^{N_p}(m_i - s_i)^2 / N_p}}{\overline{m}} \tag{4-2}$$

式中，m_i表示测量数据，s_i表示PVSYST模拟数据，N_p表示数据量，即在月份统计中$N_{month}=3$，$\overline{m}$表示测量数据平均值。通过计算可以得出，在项目模拟层级下，$\text{CVRMSE}_{month}=4.1475\%$，而在初步模拟层级下，$\text{CVRMSE}_{month}=25.3264\%$。

接下来根据不同的误差验证标准，如表4-3所示，对PVSYST软件的测试结果进行验证。其中ASHRAE、IPMVP以及FEMP对月模拟数据的误差分析结果可以看出，在项目模拟层级下，即选取与测试结果相对应的光伏系统的情况下，不论是MBE还是CVRMSE结果，都符合所有的国际上对于模拟结果精确度的判定标准，这也验证了PVSYST软件模拟结果的准确性。但在初步设计的情况下，PVSYST的模拟结果就与实际测试结果相差较大，均不满足国际上对于模拟测试结果的标准。

综上所示，通过对新加坡光伏测试平台的实测数据与PVSYST软件模拟结果的对比，验证了PVSYST软件在项目设计层级下的精确度，满足所有的国际上对于模拟软件误差验证的标准，但是在初步设计层级下的模拟结果却误差较大。因此，在进行建成环境光伏应用潜力测评时，可以选择PVSYST软件中的项目设计层级进行光伏潜力测评，但应该选择与实际光伏应用系统相同或者相近的光伏系统进行模拟，不可以选择初步设计层级进行光伏应用潜力测评。

表 4-3 验证软件模型准确度标准

标准指南	月数据标准	
	MBE（%）	CVRMSE（%）
美国采暖、制冷与空调工程学会（American Society of Heating, Refrigerating and Air-Conditioning Engineers，ASHRAE）标准指南第14条[266]	5	15
国际性能测量与验证规则（International Performance Measurement & Verification Protocol，IPMVP）[267]	20	—
美国联邦能源管理计划（U.S. Federal Energy Management Program，FEMP）[268]	5	15

4.2 基于正射影像图与GIS的建成环境光伏应用潜力测评方法

如本书1.2.2.3节所述，目前对于建成环境光伏应用潜力测评而言，非建筑建成环境光伏应用潜力测评方式仍相对较少。尤其是随着道路光伏应用、停车场光伏应用等大面积光伏应用案例的增多，对于大面积建成环境区域的潜力评估就显得越来越重要。据美国能源部下属的能源情报署（EIA）预测，驾车出行将导致2005～2030年碳排放量59%的增长[269]。在此背景下，各国都在大力地采用各种政策措施推动电动汽车发展，我国从"八五"战略规划开始，大力推行电动汽车产业发展。2015年9月29日，国务院办公厅发布《关于加快电动汽车充电基础设施建设的指导意见》[270]，拟到2020年，基本建成适度超前、车桩相随、智能高效的充电基础设施体系，满足超过500万辆电动汽车的充电需求。

然而，电动汽车作为一种新能源交通工具，虽然采用电力作为能源来源，可以大幅度地减少交通运输过程中所产生的碳排放量，但是倘若其基础能源来源依旧为传统化石能源形式供给所产生的电力，那么对于整体环境的改善依然有限。因此，采用分布式光伏停车场的方式，利用太阳能作为电动汽车的基础能源来源，可以做到真正的从根本上的清洁环保。并且城市内停车空间的光伏应用潜力巨大，以广州市为例，据广州市停车场行业协会统计，广州市共有室外停车场1386个，面积约为496万m^2，其年电力生产潜力大约为568823Mh，大致可以满足停车场内每辆车每天行驶46.13km距离（计算方式参见4.2.2节），与此同时，还具有以下几点优势：（1）直流电直接进行充电；（2）产电用电相结合，减少远距离输电线损；（3）提升车内舒适度，防止车辆室内环境过热；（4）节约能源生产用地，夏季可作为周边环境能源补充[271]。

对建成环境停车场光伏应用的生产潜力进行统计与测评，直接关系到未来交通出行能源规划方案以及主动式调控电网的建设。而如1.2.2.3节中所述，建成环境区域停车场光伏应用潜力研究较少，主要原因在于统计区域范围广，区域较为分散，不便于统计。因此，本书提出了一种基于正射影像图（Digital Orthophoto Map，DOM）与地理信息系统（Geographic Information System，GIS）相结合的评价建成环境中停车场光伏应用潜力的测评方法，用于对建成环境中停车场光伏应用潜力进行测评，该方法适用于区域尺度建成环境中水平面的光伏应用潜力测评，包括停车场、道路等。

4.2.1 基于正射影像图与 GIS 空间光伏停车场潜力测评方法流程

基于正射影像图与GIS技术的建成环境区域停车系统光伏潜力测评方法需要收集、统计的资料主要包括以下几种：区域气象数据、区域近期非落叶季高分辨率遥感卫星正射影像图、区域有关地形资料及详细的规划资料、停车场类别、停放车辆数量以及停放车辆种类等。其中，气象数据可选用美国国家能源局气象数据（Energy能源模拟软件气象数据）、美国国家航空航天局气象资料或我国建筑热环境分析专用气象数据集（中国气象局气象信息中心气象资料室与清华大学建筑技术科学系气象数据）[272]；近期非落叶季高分辨率遥感卫星正射影像图可采用航摄仪、全景摄影集、多光谱扫描仪（Multi Spectral Scanner，简称MSS）等传感器获取，也可利用卫星遥感数据以及摄影测量数据获得[273]；建成环境区域相关地形资料及详细的规划资料可从相关规划部门网站获取；剩余资料可依据正射影像图目视判别并结合地面实况调查获取。

其操作流程分为三个步骤，操作流程图如图4-4所示，包括：（1）前期准备工作，即对基础资料的收集以及整理，并建立基础地理信息数据库；（2）利用前期收集的基础资料，在城市基础设施、日照辐射条件以及光伏停车场系统选型三个约束条件下对已获取资料进行整合、筛选；（3）对结果进行模拟以及结论分析，并建立城市片区光伏停车场地理信息数据库。其中，在约束条件的选择上，从城市原有工程性基础设施以及城市生态基础设施两方面进行分析，另外在日照辐射约束条件中将城市人工环境，即构筑物对光伏组件的遮挡纳入考虑，进行二次筛选，确保光伏停车场铺设最佳化。

4.2.1.1 准备工作

准备工作大致可以分为两方面，一方面为对气候资料的收集，另一方面为对停车场的筛选。对停车场进行筛选，即选出该片区域既有的停车场，利用遥感卫星影像图结合AutoCAD以及GIS系统内部软件MAPInfo、MAPGis等完成筛选。除此之外，还需要通过实际调研的方式进行验证并对其他相关信息进行统计，例如了解停车场所属类别、停放的车辆数量以及所停车辆的类别。按照停车位置的不同，停车场可以分为路内停车场、路外停车场两个类别[274]。

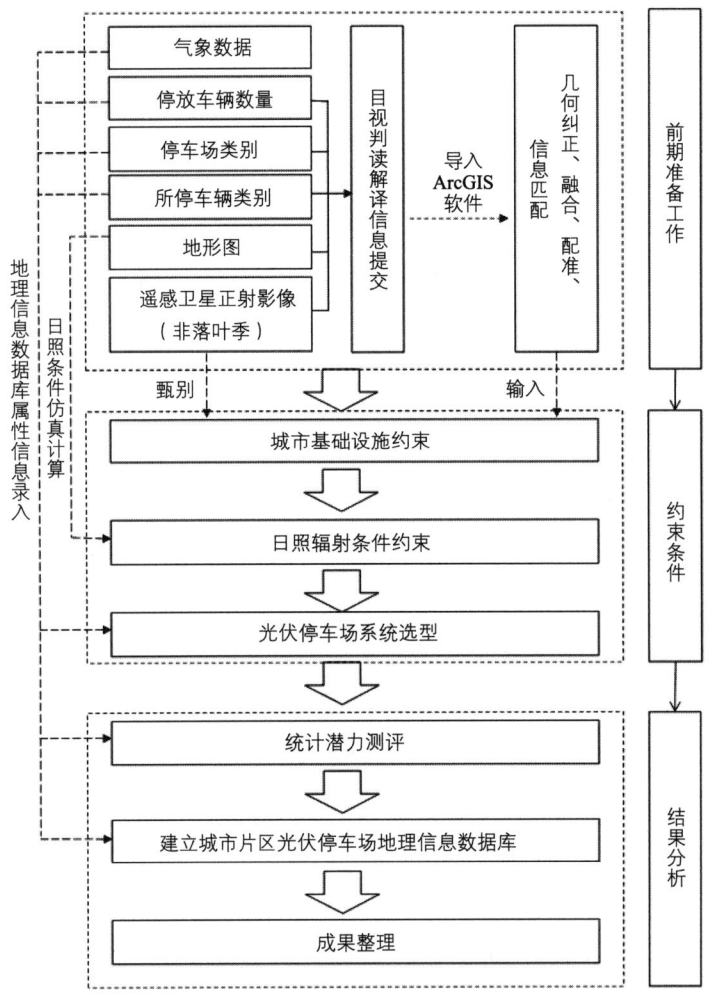

图 4-4　操作流程图

（1）路内停车场指的是道路用地控制线内划定的供车辆停放的场地，按照停放位置的不同，可细分为路上停车场、路边停车场。路上停车场是指行车道路两侧或者一侧所划分出的用于车辆停放的场地；路边停车场则是指行车道路以外的两边或者一边（包括路肩、绿化带、人行道、高架桥及立交桥下）所布置的停放车辆的场地。

（2）路外停车场指的是道路场地控制线外专门开辟的停车场、停车库或者停车楼。在室内停车库、停车楼光伏应用中需要将光伏组件铺设于停车场空间所在的建筑物外表面，不属于停车场光伏一体化的研究范畴，故本书中不将其列为研究范畴内。即本书的研究对象主要为室外停车场。

停车场所停电动汽车类别，主要可以分为货车、公共交通电动汽车及私家小型汽车。

在停车场光伏应用潜力研究过程中，不同区域与类别停车场空间的光伏应用方式往往不同，同时，停车空间所停放的车辆种类也是重要的影响因素，大型车辆往往属于公共交通体系，其尺度、能源消耗量与小型车辆完全不同，这些也影响着光伏停车场潜力计算过程中的系统尺寸设计与潜力测评方法。

因此在前期准备工作中，需要利用遥感正射影像数据、地形数据进行配准，并结合现场调研，对调研结果与遥感数据进行目视判读和解译，将收集的信息数据与几何数据利用GIS系统软件进行几何修正、融合、配准以及匹配等，初步完成停车场地理信息数据库的建立。

4.2.1.2　保障原有城市基础设施以及生态基础设施

建成环境光伏应用中需要保证城市基础设施以及生态基础设施的正常运行。其中，城市基础设施（Urban Infrastructure）是指"城市生存和发展所必须具备的工程性基础设施和社会性基础设施的总称"[275]。在光伏停车场建设过程中，对原有城市基础设施的保证是必不可少的，换而言之，在进行光伏停车场建设过程中需要注意维持城市原有的功能齐全、能源供给以及合理布局等。

首先，应保证城市原有工程性基础设施，包括能源供应系统、供水排水系统、交通运输系统、邮电通信系统、环保环卫系统、防卫防灾安全系统等的正常运行与运转。在停车系统光伏应用潜力测评过程中，需要充分考虑到城市原有工程性基础设施与停车系统，尤其是与停车场上空空间（光伏组件适宜铺设高度为3m）的关系，对原有的城市工程性基础设施（包括原有城市建筑、能源供应管线、信息通信设施、防卫防灾设施等）进行1.5m距离的退让，以保证原有城市基础设施设备运行与维护的安全性与方便性。

其次，考虑到城市自然风景以及城市生态平衡的持续性[276]，还需对城市原有生态基础设施（Ecological Infrastructure）进行保留，保证停车场内部及周边的城市绿地系统以及城市内的林地系统、农地系统、自然保护地系统、以自然为背景的文化保护地系统的完整性。使隶属于城市交通基础设施的停车系统具有能源生产性的同时，与其他城市基础设施彼此协调发展，进而优化城市空间结构，促进城市可持续发展。换而言之，在进行城市停车系统光伏潜力研究过程中需要将光伏组件对生态基础设施的影响降到最低，同时还应在保证生态基础设施系统不受影响的同时，确保光伏组件应用效率的最大化。本书参考国家行业标准《民用建筑太阳能光伏系统应用技术规范》JGJ 203-2010❶第4.3.2条中对光伏组件日照时数的要求确立光伏停车场光伏铺设条件，即满足冬至日全天有3h以上日照时数要求[277]，进行计算与分析。

---

❶ 本书仅以此为依据对计算方法进行讲解，具体的光伏组件日照时数应参照现行相关标准规范。

本书通过对冬至日高度角的数学模型演算，分别确定高于光伏组件的生态基础设施对光伏组件的影响（图4-5a）以及停车场光伏组件对于周边低于其高度的生态基础设施的影响（图4-5b）。在此数学模型演算过程中，高于其高度的生态基础设施假定为乔木，并假设乔木高度为h，停车场光伏组件高度为H，需要退让的距离为L，首先需要对所处地区冬至日的太阳高度角进行计算，如式4-3所示。[278]

$$\sin\theta = \sin\phi \cdot \sin\delta + \cos\phi \cdot \cos\delta \cdot \cos\Omega \qquad (4\text{-}3)$$

式中：θ为太阳高度角，ϕ为地理纬度，δ为赤纬角，Ω为时角。

在计算过程中，由于需要至少满足冬至日3h日照时数[276]，在此取正午前后各1.5h作为计算标准，可以确定冬至赤纬角为22.45°，时角为±22.5°，进而可以推导出基本的生态基础设施退让数学模型，如式4-4所示。

$$L = h \cdot \sqrt{\left(\frac{1}{0.38 \cdot \sin\phi + 0.85 \cdot \cos\phi}\right)^2 - 1} \qquad (4\text{-}4)$$

式中：h为树高；L为退线长度；ϕ为所处地区的地理纬度值。其中树冠半径以及树高可根据实际情况选择现场实况调查或采用非落叶季遥感影像结合树种生长规律进行估算。

确定在利用正射影像图进行不同区域停车场光伏利用潜力测评时，需要对树冠进行退让的距离为L_1，如式4-5所示。

$$L_1 = (h - H) \cdot \sqrt{\left(\frac{1}{0.38 \cdot \sin\phi + 0.85 \cdot \cos\phi}\right)^2 - 1} - k \qquad (4\text{-}5)$$

式中：L_1为退线长度；h为树高；H为停车场光伏组件安装高度；k为树冠半径；ϕ为所处地区的地理纬度值。

对于较为低矮的生态基础设施的保障，需要光伏组件进行退让，以保证原有生态设施的正常生长，需要退让距离为L_2（此处进行退让的低矮生态基础设施指非阴生植物，阴生植物可采用1.5m退让），其中日照时数需依据不同植物种类所适宜的日照时数要求进行选择[279]，如式4-6所示的退让距离为满足光照强度要求高的长日照植物所需日照时长的计算结果。

$$L_2 = H \cdot \sqrt{\left(\frac{1}{0.38 \cdot \sin\phi + 0.85 \cdot \cos\phi}\right)^2 - 1} \qquad (4\text{-}6)$$

式中：L_2为退线长度；H为停车场光伏组件安装高度；ϕ为所处地区的地理纬度值。

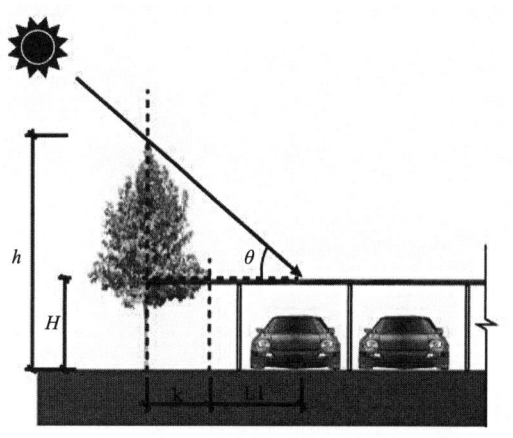 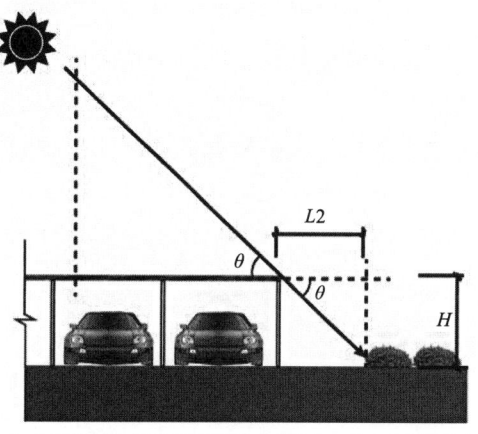

（a）高于光伏组件的生态基础设施对光伏组件的影响　　（b）光伏组件对于周边低于其高度的生态基础设施的影响

图 4-5　光伏组件与周边生态基础设施的高度分析

4.2.1.3　日照辐射条件约束

在确定区域停车系统潜在可利用区域之后，需要对该潜在可利用区域范围内具体适宜应用光伏组件的区域进行筛选与研究，如4.2.1.1节中所述，停车场所停放车辆的种类直接影响着光伏组件安装的高度，停放大型车辆区域的光伏顶棚适宜高度为5～6m，而小型车辆为3～4m。在对建成环境区域停车系统进行日照辐射条件约束时，应根据其所停放的车辆种类，尤其是车辆的高度进行日照辐射计算与模拟。

在日照辐射条件模拟确定过程中，可对所选定的建成环境区域进行日照辐射模拟，模拟过程中的网格划分依据光伏板构件模数尺寸，适宜将分析网格划分为1m×1m，并对全年日照辐射量进行统计。以可以满足光伏组件工作开路电压的辐射量为标准，并且满足冬至日全天至少3h日照时数，即为适合使用地区。利用之前基于正射影像图信息筛选后的剩余区域，结合日照辐射条件进行约束筛选，将不适宜光伏应用的区域进行去除，这些操作均可以通过GIS软件进行操作。

经由日照辐射强度条件约束，所筛选出的停车场区域，便是建成环境区域停车系统适宜使用光伏组件的区域，也是未来有机会设置光伏电动汽车充电桩停车系统的区域。

4.2.1.4　光伏停车场光伏系统选型

对于区域停车场光伏系统的选型，需要在满足最大化光伏工作效率的同时，兼顾美学与城市建设要求，这关系到其潜力统计方式。

太阳能光伏组件的I-V特性受到光强、光照方式、温度以及寄生电阻的综合影响，其中光强对短路电流Isc和开路电压Voc的影响中，Isc与光强成正比，而Voc与光强成对数关系增大；同时，光伏组件工作温度上升会使得I-V特性变差[86]。在进行光伏组件应用过程中，为了使其工作效率最大化，应保证其可以最大程度地获得太阳辐射，同时保证其工作时段的通风降温。此外，在光伏停车系统设计过程中需要光伏组件具有良好的朝向以及角度。在北半球，光伏板朝向正南（即光伏板所在方向的垂直面与正南的夹角为0°）时，光伏板发电量最大，而最佳倾角则应依据不同区域的地理位置进行测算。

然而，由于城市光伏停车系统尤其是路边停车场，在保证光伏组件工作效率最大化的同时（即朝向为南向，并具有最佳倾斜角度），会影响其美学效果，并可能对道路行车造成一定的影响。例如在东西向靠北侧路边停车场上方安装光伏组件时，倘若选用最佳倾角进行安装，将可能造成大型汽车行驶中的剐蹭等，因此本书建议选用平铺的方式进行安装。在此，本书对不同的停车场空间系统进行选型，依据审美、节材、发电效率以及造价等多方面因素综合考虑，对不同形式光伏停车场的光伏组件铺设方式进行了设计，并提出建议选用的方式与方法，如表4-4所示。

光伏停车场光伏组件铺设方式　　表 4-4

分类	路外停车场	路边停车场		
		带状		
形状	面状	南北向	东西向	
			东西向北侧停车	东西向南侧停车
简称	M	NS	WEN	WES
光伏铺设方式	最佳倾斜角度铺设	平铺	平铺	最佳倾斜角度铺设
铺设示意				
铺设剖面	南S|停车区|行车区|停车区|N北	西W|人行道|停车区|机动车道|停车区|人行道|E东	南S|人行道|机动车道|停车区|人行道|N北	南S|人行道|停车区|机动车道|人行道|N北

通过对停车场类别的选择以及光伏组件安装方式的设计，进行光伏潜力模拟，才可以更为准确地反映出光伏组件在实际工况下的产能，也可以更好地辅助完成对电网调控等方面的组织。

4.2.1.5　输出结果

至此，对于停车系统的光伏应用统计已经完成，利用GIS系统软件对光伏应用面积的统计以及不同区域的光伏停车场选型信息也已经完成，进而对光伏潜力进行统计计算。此处可以利用软件模拟的方式或者数学模型建立的方式进行统计，利用之前收集的所在地区的气象资料进行计算，并将不同停车场的数据分别输入地理信息数据库。最后，将潜力值与停放车辆的种类以及数量进行计算，得出每辆车每天能行驶的距离（每日通勤距离）等基础量，以辅助完成未来建设的时序性要求。

4.2.2 以天津某大学为例的光伏停车系统潜力研究 ❶

前文对于停车系统光伏潜力的统计方法有了较为详尽的介绍，在此，本书选用天津某大学校园作为实例对象，对该方法进行操作测试。之所以选取一所高等院校校园作为研究对象，原因在于校园内与城市片区环境大致相符，并且存在很多一般片区所不具备的工况，例如在车辆种类上，存在校园公交以及私家车等车辆类型；城市基础设施方面较为全面，可以称得上是一个"微缩城市"；停车空间方面种类也较为齐全，等等。

该学校位于天津市南开区，位于东经117°10′，北纬39°10′。首先对天津市的气候资料进行收集，并输入日照辐射模拟软件（本测试选用ECOTECT软件）以及光伏潜力计算软件（本测试选用PVSYST5.0）当中，气象数据选用清华大学与中国气象局提供的气象参数，如图4-6所示。本书4.1.2节已经讨论过关于PVSYST软件模拟精度的问题，因此本测试选择PVSYST软件中的"项目设计"层级模拟方式进行光伏潜力模拟。

第一步，利用正射影像图数据以及该学校校园地图进行耦合、校对、匹配，并将整理后的地图数据、停车场数据等输入GIS系统内，如图4-7a所示，建立该城市片区初步地理信息数据库。

第二步，利用校准后的正射影像上的城市基础设施对片区内停车场区域进行

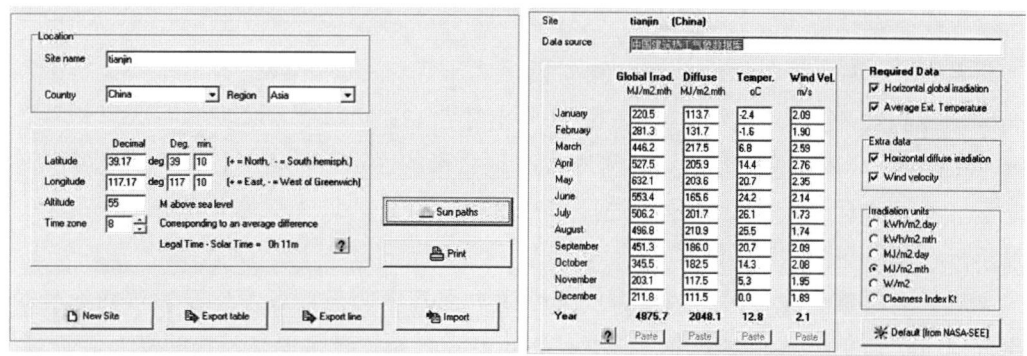

图4-6 软件模拟界面输入的气象数据

---

❶ 本小节图4-7~图4-11见书后彩色插页。

筛选，对城市基础设施进行1.5m退让；通过前期调研可以得出，校园内生态基础设施中所种植的乔木多为中乔，所以选取中乔类树木的平均高度20m进行计算，得出树冠退让距离为（3.8−k）m，k为树冠半径，进而在GIS系统软件中完成对停车系统的整理与筛选。即在ArcGIS Desktop软件中，对遥感影像进行目视判别，并依据所计算的树冠退让距离，利用编辑裁剪功能对既有停车场（蓝灰色区域）进行裁剪，筛选得出适宜铺设光伏停车场的保留区域，即如图4-7b所示的绿色区域，进而得出第一次筛选后的停车场区域，图4-8a中的浅绿色区域即为第一次筛选后的结果。

第三步，利用ECOTECT软件对片区进行日照模拟，如图4-8b所示，在GIS系统软件中对如图4-8a所示的潜在可利用区域（即图中绿色区域）进行筛选。考虑到校园内有小车以及大车（校内电瓶车、往返新校区的公交车），其顶棚高度设置不同，小车选用3m高度，大车选用6m高度，因此在日照模拟过程中，进行了两个高度的模拟，并结合其各自的地理区位进行筛选，即利用编辑裁剪功能对前一步中的筛选结果进行裁剪，筛选得出适宜铺设光伏停车场的保留区域，如图4-8b所示白色透明区域。在此将日照模拟所选用的网格划分为1m×1m，符合光伏组件的最小模数。进而确定该片区停车场中光伏所适合使用的区域，如图4-9所示中的橘色区域。

适于使用光伏组件的区域筛选完成后，将停车系统按照停车场形状、停车数量、停放车辆种类、可利用光伏面积等进行划分，并依据可利用面积进行光伏潜力仿真模拟。测试软件选用PVSYST5.0进行仿真模拟，光伏组件选取多晶硅光伏组件进行测试，在停车系统分类当中，对于M、WES类型区域，采用最佳倾角30°[246]进行安装设置，其余NS、WEN类型区域选用平铺安装设置，并将模拟结果、停车场形状、停车数量、停放车辆种类以及可利用光伏面积输入GIS系统属性列表，建立该城市片区地理信息数据库，实现空间信息以及属性信息的结构化组织，如图4-10所示，明确不同编号停车场的光伏铺设面积以及光伏潜力等相关数据，便于未来对该城市片区进行光伏停车场改造。

完成对于GIS系统属性数据的输入后，对不同停车场区域进行车辆所能行驶距离的测算与比对。小车以及电瓶车百公里电耗为17kWh[280]，公交车百公里电耗为96.46kWh[281]，以此为依据，计算停车场车辆每天的通勤距离，并以此作为判定该停车场光伏改造区域的效果依据，进行城市片区停车场区域光伏利用改造，如图4-11所示。

对天津市某大学校区的停车系统光伏潜力测算，有宏观角度以及微观角度两个层面的研究意义。从宏观角度，通过对该城市片区整体光伏停车系统的潜力值测算，可以得出该片区共有停车场108个，可利用光伏面积为20932m^2，占原停车系统面积的38.04%，年产电量为2626099kWh，平均每天可产电7194.71kWh，片区内可停放车辆2218辆，每天发电量可以满足停车场内每辆私家电动汽车走19.08km，对该城市片区的光伏停车系统可以有较为直观的了解。从微观角度，可以明确该片区每片停车场的光伏应用潜力，有助于未来城市主动式调控输电以及配电更为精确；除此之外，通过对车辆种类以及日平均车辆所能行驶的公里数进行统计比较，可以看出公共交通体系光伏停车场的行驶距离均较长。因此，对该片区首批光伏停车系统改造，可以选取图4-11a中公共交通停车场区域以及图4-11b中颜色较暖的区域，并逐渐完成对其他区域的改造，也就是说，对于城市片区光伏停车系统电力配属以及未来建设的发展顺序也会有较为直观的了解。

4.2.3 基于正射影像图与GIS的建成环境区域停车场光伏应用潜力测评方法的优势

对建成环境不同区位、不同类型的停车场光伏生产潜力进行统计与测评，直接关系到未来城市交通出行的能源规划方案以及主动式调控电网的建设。以往对城市停车场光伏应用潜力进行测评分析的过程中存在统计区域范围广、区域较为分散、不便于统计等问题。现如今，高分辨率遥感卫星技术发展迅速，使得利用正射影像图统计大面积、精确、丰富的城市数据成为可能。

此外，利用GIS空间分析系统对区域停车场空间进行光伏潜力研究可实现空间、时间多维度的考量。从空间维度，可以对研究对象的位置、周边环境及其相互关系等进行数据联动分析；从时间维度，可以对区域停车场未来能源规划设计、建设时序以及实际光伏组件建设方案等进行预测与选择，达到精确控制[282]，也可以预测城市光伏应用发展方向，提出更好、更新的新能源生产方案。

4.2.4 小结

本章对建成环境区域尺度停车场光伏应用潜力测评方法与流程进行了详尽的说明，结合正射影像图与GIS系统软件，建立区域内光伏停车系统的相关数据属性表，对停车系统光伏应用潜力测评、未来城市电力调控以及能源配给方面均有很大帮助，为未来城市环境光伏潜力测评提供参考。

当然，本书所提及的光伏潜力测评方法还存在一些可以改进的空间，例如在日照约束条件以及光伏潜力模拟过程中，本书均采用了GIS系统软件之外的软件进行模拟，将生成结果输入到GIS系统软件当中，存在一定的误差。并且该方法中对于周围树木以及建筑高度等信息的获取，仍需要借助现场调研等方式，仅借助正射影像图进行光伏潜力测评，仍存在较大误差。该方法优点在于可以快速进行几何信息获取，因此可以作为建成环境光伏应用潜力的一种估算方式，无法达到精确的级别。

4.3 基于图像三维点云重建与 GIS 的建成环境光伏应用潜力测评方法

本书4.2节中提出了适用于区域建成环境光伏应用潜力的估算方法，在本节将提出一种基于图像三维点云重建的建成环境光伏应用潜力的精确测评方法。该方法利用图像的三维点云重建与GIS相结合的方式，根据建成环境中安装光伏组件的相关约束条件对选定的建成环境区域进行筛选，最终得出适合光伏应用的区域范围并计算光伏潜力。

本节总共包括四个小节，4.3.1节简单介绍建成环境光伏应用过程中的约束条件以及需要注意的问题；4.3.2节对基于图像三维点云重建以及GIS相结合的建成环境光伏潜力测评方法的操作流程进行详细的介绍；4.3.3节则以既有停车场以及建筑屋顶为实例对该方法进行验证；4.3.4节总结该方法的优势以及适合应用的范围。

4.3.1 建成环境光伏应用约束条件

如前文所述，建成环境光伏应用潜力测评需要充分考虑并预测出光伏组件安装与使用的真实情况，包括光伏组件的结构形式、与周边城市基础设施的关系以及日照辐射条件等，前文已经有过叙述，因此以下将进行简单论述。

4.3.1.1 光伏组件应用方式

如4.2.1.1节中所述，光伏组件应用中需要通过合适的设计来确保光伏组件工作效率最佳。

除此之外，建成环境光伏应用过程中还需要兼顾社会环境、经济环境以及美学环境等多方面。建成环境光伏应用过程中需要充分考虑其设计影响，例如本书4.2节中所提及的停车场光伏应用，需要考虑美学环境以及社会环境影响，按照不同朝向对不同停车场类型（路边停车场以及路外停车场）的光伏应用方式进行总结，进而进行光伏应用潜力模拟。

总体而言，建成环境光伏应用应在满足光伏组件的最佳朝向和角度的基础上，与原有城市基础设施进行一体化或者复合化应用，并充分考虑光伏组件对城市社会、经济以及美学环境的影响。

4.3.1.2 城市基础设施以及生态基础设施避让

在建成环境光伏应用中，光伏组件需要对城市基础设施（Urban Infrastructure，简称UI）以及生态基础设施（Ecological Infrastructure，简称EI）进行避让，进而保证城市原有功能齐全、能源供给充足以及布局合理等，保证周边区域的绿地系统以及城市林地系统、农地系统、自然保护地系统、以自然为背景的文化保护地系统完整，使光伏应用在产能的同时，不会影响植被的正常生长，减少城市热岛效应以及对城市住区环境的不良影响[283]。因此，在建成环境光伏应用潜力测评中，不仅要考虑光伏组件的安装方式，还要对城市基础设施以及生态基础设施边界进行退让，以保证城市基础设施的安全运行和生态基础设施不受影响。

4.3.1.3 日照辐射条件

建成环境光伏应用潜力测评中还需要对计划安装光伏组件区域的太阳能资源的基本状况进行分析，确定该区域是否适合使用光伏组件[284]。建成环境光伏应用中光伏组件应该尽量保证不会被遮挡，因为光伏组件中任何一个区域被遮挡，都会大大降低整个光伏组件的输出效率[285]。因此需要对光伏组件的日照辐射条件进行充分的模拟与分析，防止光伏组件周边树木以及建筑对其的不利影响。与此同时，各国政府以及权威机构也针对不同的地理位置规定了光伏应用地区所应满足的日照辐射条件，若不符合条件不建议安装。例如《光伏发电站设计规范》GB 50797-2012中规定光伏组件应用区域应该保证全年9：00-15：00范围内没有遮挡[286]，以此来保证光伏组件工作效率最大化，减少不利影响。

在光伏应用过程中应该避开周围环境中建筑、树木以及光伏组件自身对光伏组件的遮挡，可以通过日照模拟结果筛选可利用光伏的区域，但需要注意的是，就如本书4.2节所描述的，模拟过程中需要考虑光伏组件的尺寸模数，宜将计算网格划分为$1m \times 1m$。

综上所述，在建成环境光伏应用潜力测评中光伏组件应用环境应采用合理的设计形式，同时，注意对周边城市基础设施、生态基础设施的避让，并进行日照辐射分析，确保光伏组件工作效率最大化。只有充分考虑了这些影响因素，所模拟出来的光伏组件发电潜力测评方法才是最为准确的。

4.3.2 基于图像三维点云重建与GIS相结合的建成环境光伏潜力测评方法流程

在本书4.3.1节中对建成环境光伏应用潜力测评中需要注意的约束条件进行了总结，结合这些在潜力测评中需要注意的约束条件，本节将介绍基于图像三维点云重建与GIS相结合的建成环境光伏应用潜力测评方法流程。该方法可以用于建成环境中除建筑立面光伏潜力测评以外，包括建筑屋顶、道路、停车场以及景观等建成环境光伏应用潜力测评中，其具体操作流程如图4-12所示，大致可以分为准备阶段、信息获取阶段、约束条件设定以及结果分析四个阶段，以下进行详细说明。

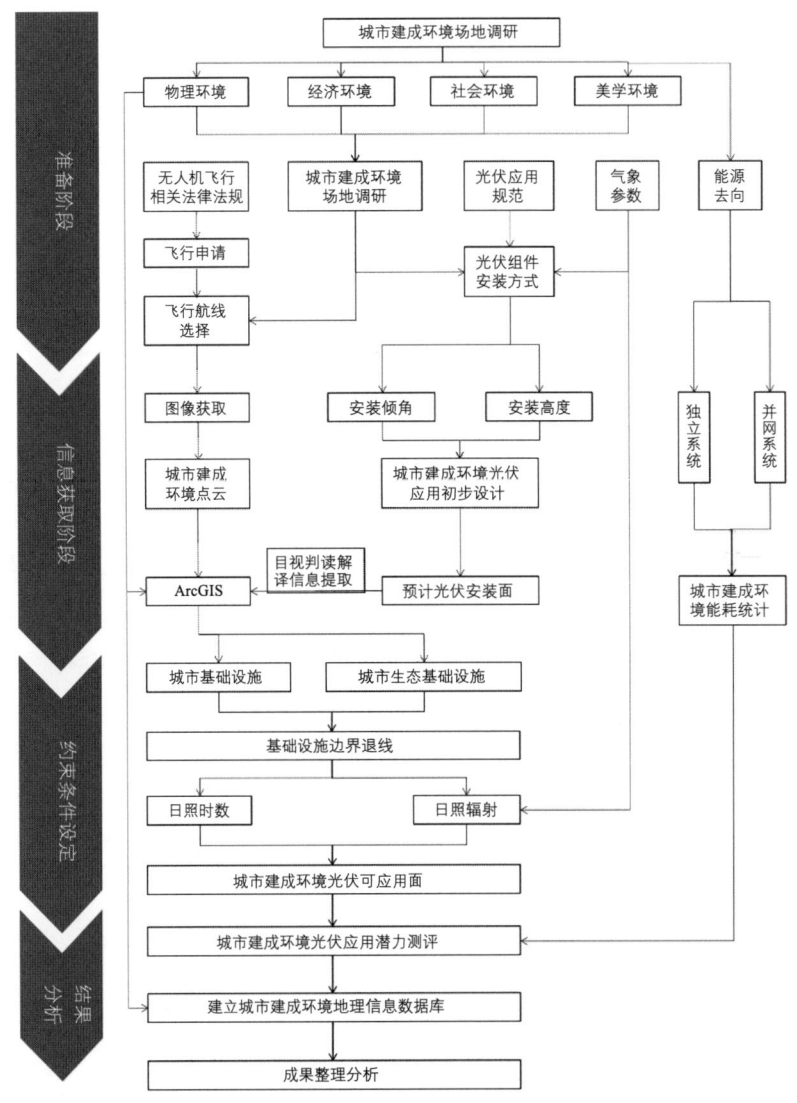

图 4-12　基于图像三维点云重建与 GIS 的建成环境光伏潜力测评方法流程

4.3.2.1　准备阶段

准备阶段主要包括四部分内容：

（1）建成环境场地调研。主要包括对建成环境的物理环境、经济环境、社会环境、美学环境的调研并预测未来能源去向。通过了解目标区域的这些基础特征，提出该测评区域的设计形式以及方案，辅助完成光伏应用设计。其中能源去向主要是考虑光伏组件应采用并网系统还是独立系统，并据此统计能源消耗情况，进行能源组织。

（2）当地相关法律法规研究。主要包括无人机飞行相关规定以及光伏应用规范。为了完整地获取建成环境的几何信息，本方法主要借助无人机低空摄影的方式，获取整个建成环境的完整几何信息。但无人机在应用过程中存在一定的危险，尤其是

第4章 建成环境光伏应用潜力测评方法研究

在人口密集区域或者空域繁忙区域，无人机可能会对航空和公共安全造成威胁，虽然有些飞机具有安全功能，但仍可能发生机械故障，失去控制或者人为失误等都会造成伤害或者损坏。因此各国都推出了基于当地的无人机限飞法规，设置了限飞区域或者禁飞区。例如新加坡在无人机控制上就设置了限飞区域以及禁飞区，并且新加坡民航局还对无人机飞行进行了限制，提出了"六可""八不可"，如表4-5所示。除此外，还对无人机的重量以及用途进行了规定，如表4-6所示，新加坡民航局规定无人机飞行需要按照不同的用途以及重量进行申请以确保无人机的飞行安全。因此，为了顺利完成建成环境几何信息的获取，需要了解当地相关法律法规，并根据现场调研结果设计飞行航线[287][288]。

（3）建成环境所在地气象参数的收集。对光伏应用区域气象数据的收集也是建成环境光伏应用潜力测评中的一项重要内容，直接关系到光伏组件潜力评估的准确性。在建成环境光伏应用潜力测评中比较常用的气象数据包括：美国国家能源局气象数据（Energy能源模拟软件气象数据）、美国国家航空航天局气象资料或各地区气象数据，以及我国国家气象信息中心提供的基于我国地面以及高空气象观测所获取的中国气象数据。当然，在条件允许的情况下，利用移动气象站对待测区域获取最为准确的气象信息，所测得的结果更为准确。

新加坡无人机飞行"六可""八不可"　　　　　表4-5

六可（DOs）	八不可（DON'Ts）
1. 了解飞行器特点以及安全飞行方式 2. 在飞行前确保飞行器安全 3. 选择在良好的视线以及天气条件下飞行 4. 飞行过程中始终保证飞行器在可视范围内 5. 确保无人机操控装置发射信号良好 6. 保证飞行过程中无人机与人群、财产设施以及其他飞行器有足够的安全距离	1. 飞行器总重量不可超过7kg 2. 不可在人群上方飞行 3. 不可在无人机上悬挂、携带或者附加任何物品，除非该无人机是为了悬挂该物品而制造的 4. 不可用无人机携带危险物品 5. 无人机在飞行过程中不可丢弃或者排出任何物品 6. 无人机飞行中不可干扰紧急服务，也不可以在可能危及或分散驾驶员注意力的移动车辆上飞行 7. 不可以在任何机场或者军用基地5km范围内或者200英尺以上飞行 8. 不可以让无人机飞过限制、禁止或者危险区域的上空或者范围内

（资料来源：作者根据新加坡民航局文件整理翻译）

新加坡民航局飞行许可相关规定　　　　　表4-6

飞行目的	无人机重量	许可证需求
任何目的	高于7kg	操作许可以及飞行许可
用于任何商业目的（即商业活动或专业服务）	所有重量	操作许可以及飞行许可
用于娱乐活动或者研究活动	低于7kg	无需许可证，但是如果无人驾驶飞机在室外限制飞行区域飞行则需要飞行许可证

（资料来源：作者根据新加坡民航局文件整理翻译）

4.3.2.2 信息获取阶段

信息获取阶段主要包括：（1）建成环境几何信息的获取。如前文所述，采用基于图像三维点云重建的方式进行建成环境区域几何信息获取，即用无人机按照预先设计的飞行航线进行拍照，并利用所获取的二维影像建立建成环境区域三维点云模型，便可以获取所需建成环境区域的几何信息[289]。（2）确定建成环境区域光伏应用方式。通过前期调研，了解光伏组件适宜安装的高度、倾角以及朝向等，再结合周围物理环境、经济环境、社会环境以及美学环境初步设计光伏组件的应用方式，划定要进行潜力测评的范围。（3）预测未来能源去向并据此统计相关能源消耗情况。例如对于独立系统的光伏停车场，需要收集可停放车辆数量以及电动汽车百公里耗电量等信息；并网系统则需要统计周边建筑能耗，确认周围所产电量是否可以满足区域电量需求，进而确定是否仍需要大电网进行电量补充[288]。

4.3.2.3 约束条件设定

如4.3.1节所述，建成环境光伏潜力测评中，需要充分考虑实际工作情况来设定约束条件，主要包括：城市基础设施以及生态基础设施约束、日照辐射约束两个方面约束条件以及基于周边环境进行光伏组件应用方式的选型。在本节所提出的基于图像三维点云重建以及GIS的建成环境光伏应用潜力测评方法中，主要是在ArcGIS中对建成环境三维点云进行处理，获取建成环境区域几何信息。本书采用Arcmap 10.3软件进行操作，依据所设定的约束条件对目标区域内城市基础设施以及生态基础设施进行避让，并且依据日照辐射条件进行光伏组件适宜应用区域的筛选，具体操作流程如图4-13所示，并进行完整描述。

第一步，将三维点云导入GIS软件。将三维点云文件转化为LAS数据集并导入Arcmap中，然后生成数字高程模型（Digital Elevation Model，简称DEM）。在生成DEM时需要设置单元格尺寸（Cell Size）为1m×1m。因为光伏组件模数为1m，这样设置可以更准确地反映出光伏组件的实际情况。其中，点云文件可以存储为.lasd文件进而导入LAS数据集。

第二步，建立光伏安装承载面的DEM。其操作如下，利用DEM等值线（Contour）生成面（Polygon），删除高于光伏应用高度的区域。将剩余的生成面进行编辑，添加高程（Elevation）字段，将其数值设置为光伏铺设高程，再将编辑后的生成面转化为栅格。该栅格即为待测区域光伏组件的安装面。进而，将原始的DEM文件（依据三维点云文件生成的DEM）与新生成的DEM（光伏组件安装面）利用"为空"（IS Null）以及条件函数进行组合。其中"为空"用于判断删除了的高于光伏安装面部分的树木、建筑等位置。举例而言，如图4-14a所示，灰色部分为没有高程数据的区域，该区域在"为空"函数中判断结果为"true"，利用条件函数将条件栅格（Conditionl Raster）设为"为空"的结果，如图4-14b所示。然后赋予该区域

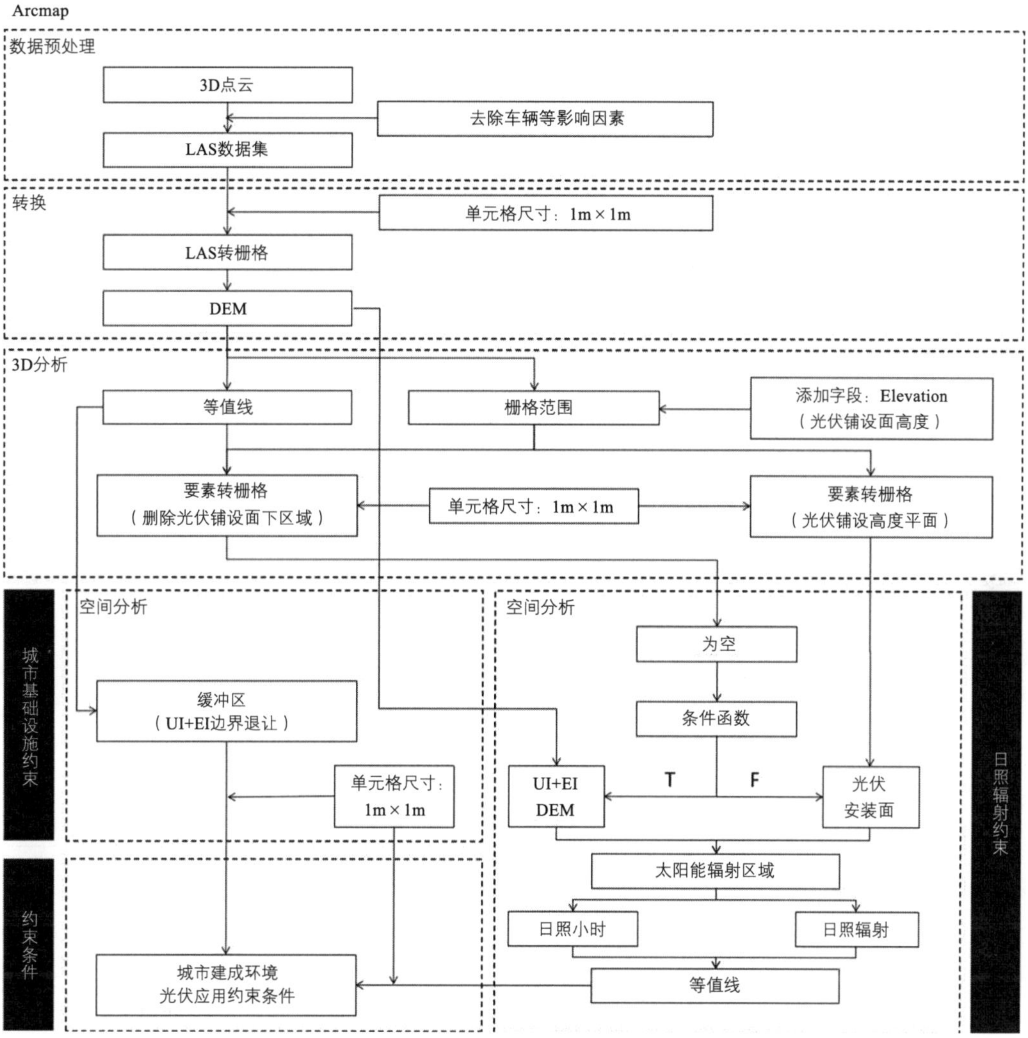

图 4-13 基于图像三维点云重建以及 GIS 的建成环境光伏应用潜力测评中约束条件设置流程

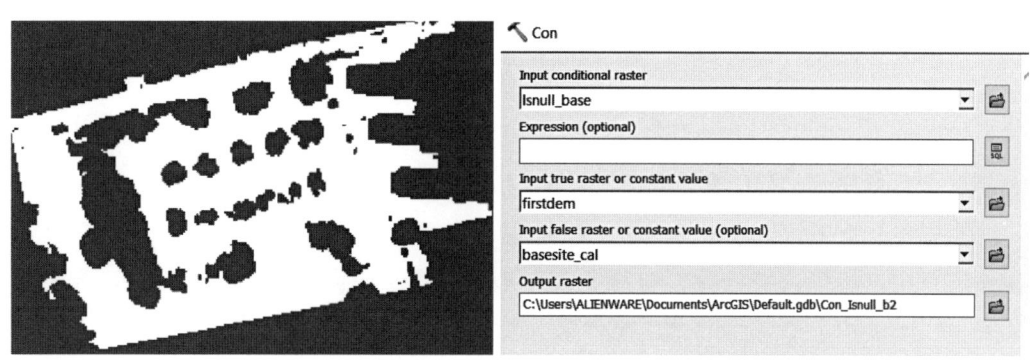

（a）"为空"的结果作为条件函数的依据　　　　　（b）条件函数界面

图 4-14 约束条件设定

（即图4-14b中的第三项）原有的包含有树木以及建筑等周边环境信息的DEM。"为空"判断为"false"的区域则赋予新定义的光伏铺设面（即图4-14b中的第四项）的高度，由此可以生成去除光伏组件安装面的下方区域的光伏承载面DEM，即光伏组件安装面及其上方区域的DEM（即图4-14b中的第五项）。

第三步，进行日照辐射分析并进行城市基础设施以及生态基础设施退让。首先，对新生成的光伏承载面DEM进行日照辐射分析，依据所收集的当地对日照小时以及日照辐射的要求进行技术参数的设置，并将两者结果进行耦合，生成等值线，可以得到满足日照要求的区域，删除不满足日照要求的等值线内的区域。进而，对城市基础设施以及生态基础设施进行退让，利用原先三维点云模型生成的DEM等值线，筛选出城市基础设施以及生态基础设施边界，利用空间分析（Spatial Analysis）函数中的"缓冲区"操作对边界进行退让。

最后，完成建成环境光伏应用约束条件筛选。将日照辐射以及对城市基础设施和生态基础设施的退让两方面约束后的结果进行耦合，生成该建成环境区域适合铺设光伏组件区域面域。

4.3.2.4 结果分析

至此，已经完成根据约束条件筛选出目标区域中可利用光伏的区域，并在GIS中计算其面积。然后根据气象条件参数，结合光伏应用设计方案，利用仿真模拟或者建立数学模型计算光伏应用潜力，其中可以选择如4.1.1节中所介绍的光伏应用潜力测评软件进行光伏潜力测评。与此同时，还可以将前期收集的能源去向等信息进行整合，以辅助建立建成环境光伏应用地理信息库。

4.3.3 方法案例研究与分析

如4.3.2节中介绍的基于图像三维点云重建与GIS的建成环境光伏应用潜力测评方法可以适用于除建筑立面以外，包括建筑屋面、道路、停车场以及景观等多个建成环境构成要素的光伏应用潜力测评中，为了进一步验证该方法的可实施性，本节将以城市中一处既有停车场以及一处建筑屋顶作为例子，用该方法进行操作流程展示并进行光伏潜力测评。

4.3.3.1 建成环境停车场案例验证 ❶

本节测试之所以选择城市停车场，主要原因是城市停车场周边环境较复杂，包含建筑、树木等多方面信息，对验证该方法的可操作性更具有代表性。以新加坡金文泰（Clementi）地区一处大型室外停车场作为测试场地，该地块位于北纬1°18′，

---

❶ 本小节图4-17、图4-18见书后彩色插页。

东经103°51'。

首先进行前期准备工作。如前文流程介绍所述，先进行场地调研并了解无人机飞行相关法律法规以及光伏应用方式。该停车场内部种植有大量树木，且周边存在高层建筑，因此，需要获取这些城市基础设施以及生态基础设施的几何信息。同时在进行无人机拍摄过程中，则需要慎重设计飞行航线，确保飞行安全。通过前期调研，首先确认本测试所选场地属于新加坡可以飞行范围，测试选用无人机为大疆精灵3高级版（DJI PLANTFORM 3 advanced）无人机，其重量小于7kg，用途为科研，符合新加坡飞行允许范围，可以进行飞行航拍，但在拍摄过程中仍然注意其限高不超过200英尺❶。除此之外，通过调研还发现，场内停放车辆全部为大型车辆，包括货运车以及客运车，在处理点云文件时，需要将这些车辆点云删除。在光伏利用方面，参考了新加坡太阳能研究所Yong等人[291]对于新加坡光伏组件最佳朝向以及安装角度的研究成果，该研究团队通过实验以及软件模拟的方式确认了新加坡光伏应用的最佳安装朝向为东向，倾角为10°。城市气象数据采用美国国家能源局气象数据（Energy能源模拟软件气象数据）。

第二步，获取该停车场信息。本次测试中无人机共拍摄178张照片，采用井字航线进行飞行。进而将获取二维影像导入Photoscan软件中，利用Photoscan建立三维点云模型，如图4-15a所示。

本测试选择的图像三维点云重建软件是俄罗斯AgiSoft公司开发的一款计算机视觉应用程序——Photoscan。该软件采用运动结构（Structure From Motion，简称SFM）算法对二维影像进行对齐以及校准，进而生成稀疏点云、图像获取时相机位置坐标以及相机内部校准参数，例如焦距（focal length）、主点位置（principal point location）以及三个径向和两个切向的畸变系数（three radial and two tangential distortion coefficients）[292][293]。进而通过对齐的二维影像对中的密集多视角三维重建获取几何场景坐标信息，利用SFM算法所生成的稀疏特征点对（sparse set of feature points）结合密集三维重建中对图像像素的操作，完成基于图像三维点云重建[294]。该

（a）停车场三维点云　　　　　　　　（b）去除车辆点云后的停车场三维点云

图4-15　Photoscan软件截图

---

❶　1英尺≈0.3米。

软件的优势在于集成化程度高，且价格合理、精度高。李秀全等人[295]以及Jirouek等人[296]均对该软件的精确度进行了测试，确认了该软件的精确度为0.01m。因此，本测试选取Photoscan软件进行案例研究中的基于图像三维点云重建。

由于停车场内车辆的高程信息数据易与树木点云产生混淆，因此对停车场内货车以及客车的点云进行去除。在Photoscan软件中对原始点云数据进行编辑，去除场地内车辆点云，如图4-15b所示。同时注意不要删除树木以及其他城市基础设施的点云。参考第4章中对停车场光伏应用方式的分析，该区域采用光伏停车棚的方式，安装高度选为6m。在光伏组件安装角度以及朝向方面，参考Yong等人[291]的研究，设置光伏组件朝向东向，倾角为10°。在能源消耗信息方面，为方便未来电动汽车改造以及设置充电桩的需要，统计可停放车辆数目为226辆，由于该停车场停放的全部为大型车辆，故在统计车辆能耗的时候只按照客运车进行统计，每辆车百公里能耗约为94.46kWh[281]。

第三步，设定约束条件，并确定可利用光伏范围。利用"创建LAS数据集"（Make LAS Dataset Layer）工具将所获得的点云文件导入Arcmap中，进而利用"LAS数据集转栅格"（LAS Dataset To Raster）命令建立DEM，如图4-16a所示，并将单元格尺寸（Cell Size）设为1m×1m。利用DEM生成等值线（Contours），并删除6m以上区域的面域，在剩余面信息中添加高程（Elevation）字段，并赋予其高程数据为6m，作为光伏组件应用承载面，如图4-16b所示。然后利用"为空"（IS Null）函数以及"条件"（Con）函数建立新的DEM，只保留光伏铺设面及以上区域，如图4-17a所示。然后利用"太阳辐射图"（Solar Radiation Graphics）工具对该DEM进行日照辐射模拟，图4-17b、图4-18a分别为所得日照时数与日照辐射模拟结果，去除两项模拟结果中不适宜铺设光伏的区域。除了日照辐射约束外，还需要考虑到城市基础设施以及生态基础设施的保护，与本书4.2节中的方法类似，应对停车场内部以及停车场周边的树木以及构筑物进行1.5m退让。利用的"缓冲区"（Buffer）命令对原场地DEM等值线进行操作。最后，综合以上所有约束条件，得出最终该停车场适

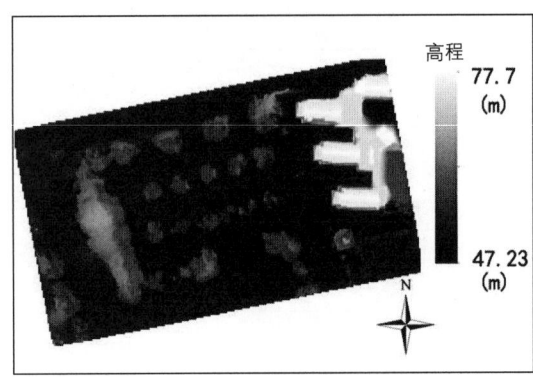

(a) 停车场DEM　　　　　　　(b) 光伏安装承载面栅格

图4-16　Arcmap软件截图

合使用光伏组件的区域范围，如图4-18b所示。

最后，计算该停车场光伏应用潜力。在Arcmap中统计该停车场光伏可应用面积约为4853.95m²，占原有停车场面积的48.99%。就如本书4.1节中分析过的，本测试采用PVSIST5.0软件进行光伏潜力模拟[297]。将新加坡典型年气象数据输入软件，如图4-19a所示，选用新加坡适宜的光伏铺设方式，即朝东向倾角10°进行模拟[291]，选用多晶硅光伏组件满铺的方式进行计算，得出该停车场年产电量约为660800kWh，平均1810kWh/day，如图4-19b所示。如前文所述停车场内可以停放226辆车，假设全部为电动客车的情况下，可以利用式4-7对一天的发电量可以满足停车场内每辆客车的通勤距离进行统计。

$$L = \frac{P}{N \times P_0} \times 100 \quad (4\text{-}7)$$

式中，P为停车场一天的光伏发电潜力；N为停车场停放车辆数；P_0为一辆车百公里能耗值，L为一天产生的电能可以供停车场所有车辆的通勤距离。将前文的测试结果代入公式，可以得出该测试停车场一天发电量可以满足停车场停满状态下所有车辆的通勤距离，为8.48km。这可以对城市规划中停车场的布置提供依据，即城市中每8km布置一个光伏停车场就可以使车辆行驶时无需额外充电，这样可以大量减少交通运输系统的化石能源消耗以及二氧化碳排放。如果停车场所产生的能源直接并网，供给周围建筑或者交通设施，全年可以减少约660800 kWh×0.4kg（Standard Coal）/ kWh =264320kg≈264t标准煤，相当于减少约629t二氧化碳排放[272]。

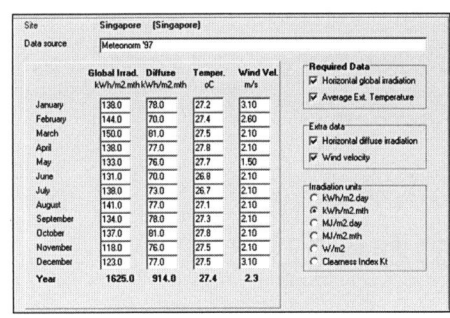

（a）PVSYST 录入气象数据截图

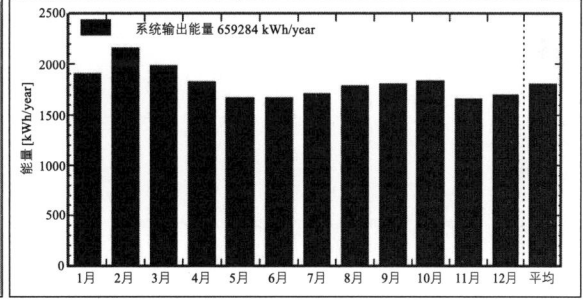

（b）PVSYST 软件对于停车场光伏应用潜力测评结果

图 4-19　PVSYST 软件截图

4.3.3.2　建成环境建筑屋顶案例验证[❶]

下面以新加坡一处建筑屋顶为例验证本书所介绍的方法在建筑屋顶光伏应用潜力测评中的可行性。该测试屋顶位于新加坡国立大学校园内，如图4-20a所示，该屋顶情况较为复杂，屋顶上有供热管道等城市基础设施以及屋顶绿植。此外，屋顶周

---

❶ 本小节图4-20～图4-22见书后彩色插页。

围树木以及建筑环境也较为复杂，因此选取该屋顶作为实验案例进行方法验证。

由于上文已详细介绍该测试方法操作，本案例测试中只进行简单说明。首先，利用无人机获取屋顶信息，并生成点云模型。与前文流程相同，将点云文件导入Arcmap中，建立DEM，并将单元格尺寸设为$1m \times 1m$，如图4-20b所示。然后，编辑光伏安装高度，设定光伏组件安装于屋顶上方1m处，然后对1m以上的屋顶基础设施边界进行1.5m退线，结合日照分析结果（图4-21），得到该屋顶光伏可利用区域。如图4-22a所示，在Arcmap中统计光伏可利用面积为$450m^2$。

通过对比图4-20a以及图4-22a可以看出，对屋顶中原先高于1m的基础设施以及屋顶绿植进行了退让操作，并考虑了日照条件约束。由此也可以看出该方法在屋顶是可以利用的。将可利用面积信息导入PVSYST软件进行光伏潜力测评，依旧将多晶硅光伏组件设置为满铺情况进行计算，模拟结果如图4-22b所示，全年光伏发电潜力约为61100kWh，每天的发电量约为167.5kWh。

以上两个实例全面介绍了基于图像三维点云重建与GIS相结合的建成环境光伏应用潜力测评的过程，并证明了将所提出的基于图像三维点云重建与GIS相结合建成环境光伏潜力测评方法用于停车场以及建筑屋顶进行光伏潜力测评的可行性。

4.3.4 小结

基于图像三维点云重建与GIS相结合的建成环境光伏潜力测评方法是一种基于2.5D的高精度建成环境光伏潜力测评方法，其成本较低，且适于广泛应用，可以对于建成环境中景观、道路以及建筑屋顶等领域的光伏潜力进行测评，同时由于考虑了建筑物以及树木等约束条件，可以更为准确地反映实际情况，且造价低于LiDAR技术。

4.4 不同建成环境光伏应用潜力测评方法比较

本书1.2.2节中对建成环境光伏应用潜力测评方法进行了综述，在本章中也详细介绍了两种针对复杂建成环境的光伏应用潜力测评方法，进而在本节对这些建成环境光伏应用潜力测评方法进行比较，并总结出不同的光伏应用潜力测评方法的适用范围。

综合前文所述，建成环境光伏应用潜力测评方法主要包括以下几种：基于图纸的光伏潜力测评、基于网络数据以及城市规划参数的光伏潜力测评、基于正射影像图的光伏潜力测评、基于LiDAR三维激光扫描的光伏潜力测评、基于图像处理以及摄影测量的光伏潜力测评。

基于图纸的光伏潜力测评方法，在工程中是最为常见的方法。该方法可以准确地获取城市建筑以及城市基础设施的几何参数并对建筑屋面、立面光伏潜力进行测评，但无法准确地获取生态基础设施，如树木以及灌木的几何信息数据，故无法准确地对建成环境光伏应用潜力进行测评。此外，在实际操作中很多地区存在无法调取图纸的情况。

基于网络数据以及城市规划参数的光伏潜力测评方法其优势在于对城市尺度的物理潜力以及地理潜力的测评操作用时较少，但均存在误差较大的问题，无法进行准确的日照模拟分析，也就无法达到技术潜力级别的要求。以上两种方法都无法准确获取生态基础设施的几何数据。

基于正射影像图的光伏潜力测评方法，可以对建筑屋面以及停车场进行光伏潜力测评。但该方法也无法准确获取建成环境的高程数据，尤其是树木高度，需要结合调研等才可以获取，比较适合用于建成环境水平面光伏应用物理潜力以及地理潜力评估。

基于LiDAR三维激光扫描的光伏潜力测评方法，是建筑光伏潜力测评过程中较常用也最为准确、全面的一种方法。优点在于较高的准确性，尤其是"空地协同"的操作方式，从空中以及地面两个角度完整获取建成环境的几何信息，但三维扫描仪设备成本高昂，尤其是航空点云获取，更是需确保飞机的稳定性，造价进一步提高。该种方式在建筑光伏应用潜力测评中应用较多，但对于其他建成环境光伏应用潜力还没有相关研究。

基于图像处理以及摄影测量的光伏潜力测评，主要可以分为：基于图像处理、基于图像的三维几何重建以及基于图像的三维点云重建三种。Neumann等人[156]利用图像处理的方法，结合天空开敞度（SVF）软件统计了弗劳恩菲尔德的停车场可利用光伏面积，属于物理以及地理潜力级别，但无法满足技术潜力级别的需要。基于图像的三维几何重建的方法对建筑单体进行光伏潜力测评，缺乏对于周边环境的考虑，且只能将树木的信息处理为近似的简单几何形体，存在较大误差。基于图像三维点云重建的方法则可以轻松获取生态基础设施的几何信息，获取的建成环境信息完整、全面，并且在小尺度或者区域尺度方面具有与LiDAR三维激光扫描相近的精确度[137]。虽然在大尺度领域精度会低于LiDAR三维激光扫描，但成本比LiDAR三维激光扫描低，可采用具有摄像功能的无人机（例如DJI），价格比激光扫描仪低很多。基于图像处理以及摄影测量的建成环境光伏潜力测评方法目前主要应用于建筑领域，非建筑领域仍缺乏相关方法的总结。而本书所提出的基于图像三维点云重建的方法是一种2.5D的光伏应用潜力测评方法，适用于景观、道路以及屋顶等区域的建成环境光伏应用潜力测评。但同时，该种方式借助无人机进行低空影像获取，只针对可以飞行区域，而禁飞区内建成环境几何信息的获取则需要结合当地法律规定进行飞行申请。

综上所述，本书对比了几种建成环境光伏应用潜力测评方法，并提出两种针对复杂建成环境的光伏应用潜力方法。总体而言，可以总结为以下几点：

（1）基于图纸的测评方法，优点在于所获取信息全面而准确，也是目前最为常用的方法。但由于缺乏图纸数据库，现实中常出现图纸无法调取的情况。除此之外，图纸缺乏对树木等周围环境情况的记录，会降低光伏测评潜力的准确度。

（2）基于网络数据以及城市规划参数的测评方法，优点在于可以快速获取宏观尺度的几何信息，并估算建成环境光伏潜力，但较难获得树木等的几何信息，潜力测评误差相对较大。

（3）基于正射影像图的测评方法，优点是其获取几何信息的耗时少，缺点是该方法较难获取高程信息，潜力计算误差较大。它适用于宏观尺度的建成环境光伏潜力测评估算，比基于网络数据以及城市规划参数的方法准确度高。

（4）基于LiDAR三维激光扫描的方法可以快速而准确地获取周围环境信息，但如果采用地面LiDAR三维激光扫描，则无法准确获取较高区域的结合信息，需要借助无人机才能获取，并且LiDAR三维激光扫描的仪器价格昂贵（倘若使用飞机结合LiDAR三维激光扫描的方式则价格更高）。

（5）基于图像的几何三维重建的测评方法，可以获取几何形态规整的建筑信息，但无法获取其他建成环境中除建筑以外的几何信息，误差较大。

（6）基于图像的点云三维重建与GIS相结合的方法优点是精确度高，尤其是利用无人机拍摄可以获取完整的建成环境信息，而且价格比LiDAR三维激光扫描低；缺点在于大尺度下精度低于基于LiDAR三维激光扫描的方法。

依据以上的分析结果，总结得出表4-7。

建成环境光伏应用潜力研究信息获取方式比较 表4-7

建筑信息获取方式		获取建成环境完整信息	适用范围
基于图纸		无法获取树木几何信息	所有建成环境，但前提为图纸保存良好，且允许调取的情况下
基于网络数据以及城市规划参数		可获取（误差较大）	城市尺度建成环境
基于正射影像图		无法获取高程信息（误差较大）	城市尺度建成环境（无法获取建筑立面几何信息）
基于LiDAR三维激光扫描	地面	无法获取高层屋顶信息（仪器造价高）	区域尺度建成环境（低层建筑、多层建筑）
	航空	可获取（仪器造价高）	区域尺度建成环境，且允许飞行区域
基于图像处理及摄影测量	基于近景摄影的几何三维重建测量	仅限于规则几何模型，无法获取高层屋顶信息	区域尺度几何形体规整建成环境元素（低层建筑、多层建筑、停车场、道路等）
	基于近景摄影的点云重建测量	无法获取高层屋顶信息	区域尺度建成环境（低层建筑、多层建筑、停车场、道路等）
	基于航空摄影的几何三维重建测量	仅限于规则几何模型	区域尺度几何形体规则建成环境，且允许飞行区域
	基于航空摄影的点云重建测量	可获取	区域尺度建成环境，且允许飞行区域

第 5 章　结论与展望

5.1　主要结论

建成环境光伏应用是分布式光伏应用中的重要组成部分，对于建成环境光伏应用的研究有利于推动分布式光伏应用的发展，是解决未来能源危机、缓解气候恶化、实现可持续发展的重要手段。本书重新梳理建成环境光伏应用的概念，并总结出建成环境光伏应用所面对的机遇与挑战，提出建成环境光伏应用设计建议与设计流程。在此基础上，本书提出了两种针对复杂建成环境的光伏应用潜力测评方法，包括基于正射影像图与GIS相结合的区域停车系统光伏应用潜力测评方法以及基于图像三维点云重建与GIS相结合的建成环境光伏应用潜力测评方法，并与其他建成环境光伏应用潜力测评方法进行比较，提出不同光伏潜力测评方法的适用范围与优缺点，以辅助未来建成环境光伏应用潜力测评。然而建成环境光伏应用势必会影响区域热环境，为了更好地了解建成环境光伏应用方式对于局部区域热环境影响，本书以建成环境中的建筑屋顶为例，通过实验测试的方法，针对不同材料光伏组件，对屋顶光伏应用局部区域温度场进行比较研究，同时验证了建成环境光伏应用的光伏组件类型以及光伏组件应用方式的选型建议，并弥补现阶段局部区域热环境相关实验研究中的不足。

综上所述，本书最终得出以下主要结论：

（1）在国际能源署光伏项目组Task7的基础上，结合现有建成环境光伏应用方式以及建成环境所包含范围，对建成环境光伏应用概念进行重新梳理，确立了建成环境光伏应用的应用范围，包括建筑光伏应用、道路光伏应用、景观光伏应用以及其他基础设施光伏应用等四个方面，而应用影响则包括建成环境光伏应用中的社会环境、经济环境以及美学环境的影响。

（2）本书进一步完善建成环境光伏应用设计原则，包括融合、协调、创新、保护、复合式功能等五部分，并提出在光伏组件选型中需要考虑组件材料类型、色彩、纹理、组件形式以及电池片尺寸与间隙等多方面因素，总结出在光伏应用设计中需要考虑阵列安装间隙以及空间的复合式应用等设计方法，以满足建成环境光伏应用所处的区域环境需求。

（3）本书提出在设计流程中引入方案评估，即通过采用虚拟现实技术让公众对建成环境光伏应用项目的设计有预先的判断与参与，进而增加公众的美学环境评价；同时，通过对建成环境光伏应用项目中的发电潜力、生态潜力、经济效益评价以及安全性评价等相关信息的提供与展示，最大限度地消除公众对于光伏应用的误解，进而减轻公众对于建成环境光伏应用的消极情绪，推动建成环境光伏应用项目落成。

（4）本书针对复杂建成环境光伏应用潜力测评提出了基于正射影像图与GIS相结合的建成环境区域停车场光伏潜力测评方法、基于图像三维点云重建与GIS相结合的建成环境光伏应用潜力测评方法，并分别进行了案例实证，同时本书针对五种建成环境光伏应用潜力测评方式进行了比较，得出不同建成环境光伏应用潜力测评方法所适用的范围。

5.2　存在的不足与展望

本书研究在多方面仍存在不足，将在今后的工作中进一步深入研究，主要包括：

（1）本书提出的基于图像三维点云重建与GIS相结合的建成环境光伏应用潜力测评方法，利用基于图像三维点云重建的方法获取了建成环境完整几何信息，但在可应用面积的统计方面，基于作者本身掌握的水平，使得本书中提出的方法暂时还无法对建筑立面的光伏应用潜力进行测评，只能算是2.5D的建成环境光伏应用潜力测评方法。在今后的研究工作中，将进一步对该方法进行改进，使其可以满足建成环境全要素光伏应用潜力测评的需求。

（2）本书提出的两种针对复杂建成环境光伏应用潜力测评方法，基于作者现阶段掌握的水平，两种方法均借助了多款软件参与光伏潜力评估。在未来的研究中，将着重借助编程的方法，结合ArcGIS所提供的开源设计平台进行一体化测评方法的开发，使得建成环境光伏应用潜力测评可以在同一款软件中完成。

参考文献

[1] 高辉. 被动式太阳房优化设计研究——兼论其在农村住宅中的应用于推广[D]. 天津：天津大学，1986.

[2] 杨金焕. 太阳能光伏发电应用技术[M]. 北京：电子工业出版社，2009.

[3] 刘长滨. 太阳能建筑应用的政策与市场运行模式[M]. 北京：中国建筑工业出版社，2007.

[4] 英国能源研究院. 世界能源统计年鉴2024[EB/OL]. [2024-08-26]. https://kpmg.com/cn/zh/home/insights/2024/08/statistical-review-of-world-energy-2024.html.

[5] 英国能源研究院. 世界能源统计年鉴2023[EB/OL]. [2023-11-01]. https://kpmg.com/cn/zh/home/campaigns/2023/10/statistical-review-of-world-energy-2023.html.

[6] 英国石油公司. 世界能源统计年鉴2021[EB/OL]. [2021-07-08]. https://www.bp.com.cn/zh_cn/china/home/news/reports/statistical-review-2021.html.

[7] 何道清. 太阳能光伏发电系统原理与应用技术[M]. 北京：化学工业出版社，2012.

[8] 张所续. 从世界能源发展趋势看中国能源安全[J]. 中国能源，2018（5）：30-33.

[9] Change IPOC. Climate Change 2007: Synthesis Report[J]. Environmental Policy Collection，2008，27（2）：408.

[10] UNFCCC. Adoption of the Paris Agreement[EB/OL]. [2015-12-12]. http://unfccc.int/documentation/documents/advanced_search/items/6911.php？priref=600008831.

[11] BP Energy Outlook. 2018年世界能源展望[EB/OL]. [2018-04-11]. https://www.bp.com/zh_cn/china/reports-and-publications/_bp_2018_.html.

[12] 马丁，单葆国. 2030年世界能源展望——基于全球能源展望报告的对比研究[J]. 中国能源，2017，39（2）：21-24.

[13] Dashwood J. The outlook for energy: A view to 2040[J]. Exxonmobil, 2018：1-80.

[14] 曹勇. 2040年世界能源展望——埃克森美孚2018版预测报告解读[J]. 当代石油石化，2018（4）：8-14.

[15] 张中青. 分布式光伏发电并网与运维管理[M]. 北京：中国电力出版社，2014.

[16] Committee IPE. IEA PVPS (Photovoltaic Power Systems Programme) Annual report 2017[J]. Annual Reports, 2018: 1-130.

[17] Gaëtan Masson.Snapshot of Global Photovoltaic Markets 2024 [EB/OL]. [2024-04]. https://iea-pvps.org/snapshot-reports/snapshot-2024/.

[18] National Renewable Energy Laboratory (NREL), National Center for Photovoltaic (NCPV). Best Research-Cell Efficiencies [EB/OL]. [2024-07-16]. https://www.nrel.gov/pv/cell-efficiency.html/.

[19] 蒋华庆，贺广零，兰云鹏. 光伏电站设计技术[M]. 北京：中国电力出版社，2014.

[20] 新エネルギー. 産業技術総合開発機構. 2030年に向けた太陽光発電ロードマップ（PV2030）

[EB/OL]. [2004-06-01]. http://www.nedo.go.jp/informations/other/161005_1/161005_1.html.

[21] 新エネルギー．産業技術総合開発機構．太陽光発電ロードマップ（PV2030+）[EB/OL]. [2009-03-01]. http://www.nedo.go.jp/library/pv2030_index.html.

[22] Sinke W C, Ballif C, Bett A, et al. A Strategic Research Agenda for Photovoltaic Solar Energy Technology[M]. Belgium: Office for Official Publications of the European Communities, 2007.

[23] Specter H. A Sustainable U.S. Energy Plan[J]. Natural Resources Research, 2009, 18(4)：285-333.

[24] 国家发展改革委．可再生能源中长期发展规划[J]．可再生能源，2007，25（6）：1-5.

[25] 国家发改委办公厅．关于开展大型并网光伏示范电站建设有关要求的通知[EB/OL]. [2012-01-04]. http://www.nea.gov.cn/2012-01/04/c_131260268.htm.

[26] 国家发展改革委．关于宁夏太阳山等四个太阳能光伏电站临时上网电价的批复[EB/OL]. [2010-04-02]. http://www.ndrc.gov.cn/fzgggz/jggl/zcfg/201004/t20100409_748258.html.

[27] 国家发展改革委．关于完善太阳能光伏发电上网电价政策的通知[EB/OL]. [2011-07-24]. http://www.ndrc.gov.cn/zcfb/zcfbtz/201108/t20110801_426501.html.

[28] 国家发展改革委．关于印发《分布式发电管理暂行办法》的通知[EB/OL]. [2013-07-18]. http://www.ndrc.gov.cn/zcfb/zcfbtz/201108/t20110801_426501.html.

[29] 祝剑禾，赵鹏．分布式光伏发电按电量补贴[J]．水力发电，2013（9）：97-97.

[30] 国家发展改革委．关于发挥价格杠杆作用促进光伏产业健康发展的通知[EB/OL]. [2013-08-26]. http://www.ndrc.gov.cn/zcfb/zcfbtz/201308/t20130830_556000.html.

[31] 财政部，国家税务总局．关于光伏发电增值税政策的通知[EB/OL]. [2013-09-23]. http://www.nea.gov.cn/2014-09/29/c_133682233.htm.

[32] 《太阳能》编辑部．2014分布式光伏发电将强势启动[J]．太阳能，2013（24）：5-5.

[33] 财政部．关于对分布式光伏发电自发自用电量免征政府性基金有关问题的通知[EB/OL]. [2013-11-19]. http://www.gov.cn/zwgk/2013-11/26/content_2535142.htm.

[34] 国家能源局．关于下达2014年光伏发电年度新增建设规模的通知[EB/OL]. [2014-01-17]. http://zfxxgk.nea.gov.cn/auto87/201402/t20140212_1763.htm.

[35] 国家能源局．关于进一步落实分布式光伏发电有关政策的通知[EB/OL]. [2014-09-02]. http://zfxxgk.nea.gov.cn/auto87/201409/t20140904_1837.htm.

[36] 国家能源局，国务院扶贫办．关于印发实施光伏扶贫工程工作方案的通知[EB/OL]. [2014-10-11]. http://zfxxgk.nea.gov.cn/auto87/201411/t20141105_1862.htm.

[37] 国家能源局．关于规范光伏电站投资开发秩序的通知[EB/OL]. [2014-10-28]. http://zfxxgk.nea.gov.cn/auto87/201410/t20141029_1857.htm.

[38] 国家能源局．关于推进分布式光伏发电应用示范区建设的通知[EB/OL]. [2014-11-21]. http://zfxxgk.nea.gov.cn/auto87/201412/t20141224_1874.htm.

[39] 国家能源局．关于开展全国光伏发电工程质量检查的通知[EB/OL]. [2015-04-07]. http://zfxxgk.nea.gov.cn/auto87/201504/t20150420_1904.htm.

[40] 国家能源局．关于实行可再生能源发电项目信息化管理的通知[EB/OL]. [2015-09-28]. http://

[41] 国家林业局. 关于光伏电站建设使用林地有关问题的通知[EB/OL]. [2015-11-27]. http://www.forestry.gov.cn/main/72/content-824603.html.

[42] 国家发展改革委. 关于完善陆上风电光伏发电上网标杆电价政策的通知[EB/OL]. [2015-12-22]. http://www.ndrc.gov.cn/gzdt/201512/t20151224_768582.html.

[43] 国家发展改革委, 国务院扶贫办, 国家能源局, 等. 关于实施光伏发电扶贫工作的意见[EB/OL]. [2016-03-22]. http://www.ndrc.gov.cn/zcfb/zcfbtz/201604/t20160401_797325.html.

[44] 国家发展改革委, 国家能源局. 关于做好风电、光伏发电全额保障性收购管理工作的通知[EB/OL]. [2015-05-27]. http://www.ndrc.gov.cn/gzdt/201605/t20160531_806133.html.

[45] 国家能源局. 关于下达2016年光伏发电建设实施方案的通知[EB/OL]. [2016-06-03]. http://zfxxgk.nea.gov.cn/auto87/201606/t20160613_2263.htm.

[46] 财政部, 国家税务总局. 关于继续执行光伏发电增值税政策的通知[EB/OL]. [2016-07-25]. http://szs.mof.gov.cn/zhengwuxinxi/zhengcefabu/201608/t20160817_2392902.html.

[47] 国家能源局, 国务院扶贫办. 关于下达第一批光伏扶贫项目的通知[EB/OL]. [2016-10-17]. http://zfxxgk.nea.gov.cn/auto87/201610/t20161017_2310.htm? keywords=.

[48] 国家发展改革委. 关于调整光伏发电陆上风电标杆上网电价的通知[EB/OL]. [2016-12-26]. http://zfxxgk.nea.gov.cn/auto87/201610/t20161017_2310.htm? Keywords.

[49] 国家能源局. 关于印发《太阳能发展"十三五"规划》的通知[EB/OL]. [2016-12-08]. http://zfxxgk.nea.gov.cn/auto87/201612/t20161216_2358.htm.

[50] 国家发展改革委, 国家能源局. 关于印发《推进并网型微电网建设试行办法》的通知[EB/OL]. [2017-07-17]. http://www.ndrc.gov.cn/gzdt/201707/t20170724_855225.html.

[51] 国家能源局综合司. 关于征求对《关于减轻可再生能源领域涉企税费负担的通知》意见[EB/OL]. [2017-08-31]. http://www.china-nengyuan.com/news/114022.html.

[52] 国家能源局. 关于推进光伏发电"领跑者"计划实施和2017年领跑基地建设有关要求的通知[EB/OL]. [2017-09-22]. http://zfxxgk.nea.gov.cn/auto87/201709/t20170922_2971.htm.

[53] 国家发展改革委, 国家能源局. 关于开展分布式发电市场化交易试点的通知[EB/OL]. [2017-10-31]. http://fzggw.jiangsu.gov.cn/art/2017/11/14/art_55499_6659602.html?from=singlemessage.

[54] 国家发展改革委, 国家能源局. 关于印发《解决弃水弃风弃光问题实施方案》的通知[EB/OL]. [2017-11-08]. http://zfxxgk.nea.gov.cn/auto87/201711/t20171113_3056.htm.

[55] 国家发展改革委办公厅, 国家能源局综合司. 关于开展分布式发电市场化交易试点的补充通知[EB/OL]. [2017-12-28]. http://www.gov.cn/xinwen/2018-01/03/content_5252800.htm.

[56] 国家发展改革委. 关于2018年光伏发电项目价格政策的通知[EB/OL]. [2017-12-19]. http://www.ndrc.gov.cn/gzdt/201712/t20171222_871325.html.

[57] 国家发展改革委, 财政部, 国家能源局. 关于2018年光伏发电有关事项的通知[EB/OL]. [2018-05-31]. http://www.ndrc.gov.cn/gzdt/201806/t20180601_888639.html?from=groupmessage&isappinstalled=0.

[58] 国家发展改革委. 关于创新和完善促进绿色发展价格机制的意见[EB/OL]. [2018-06-21]. http://jgs.ndrc.gov.cn/zcfg/201806/t20180629_891469.html.

[59] 国家发展改革委,国家能源局. 关于积极推进风电、光伏发电无补贴平价上网有关工作的通知[EB/OL]. [2019-01-07]. https://www.nea.gov.cn/2019-01/10/c_137731320.htm.

[60] 国家发展改革委. 关于完善光伏发电上网电价机制有关问题的通知[EB/OL]. [2019-04-30]. https://www.ndrc.gov.cn/xxgk/zcfb/tz/201904/t20190430_962433_ext.html.

[61] 国家能源局. 关于2019年风电、光伏发电项目建设有关事项的通知[EB/OL]. [2019-05-28]. https://zfxxgk.nea.gov.cn/auto87/201905/t20190530_3667.htm.

[62] 国家发改委,国家能源局. "十四五"现代能源体系规划[EB/OL]. [2020-01-29]. https://www.nea.gov.cn/1310524241_16479412513081n.pdf?eqid=83e707a300018ec000000003648a7808.

[63] 国家能源局. 关于2020年风电、光伏发电项目建设有关事项的通知[EB/OL]. [2020-03-05]. https://zfxxgk.nea.gov.cn/2020-03/05/c_138862190.htm.

[64] 国家发展改革委. 关于2020年光伏发电上网电价政策有关事项的通知[EB/OL]. [2020-04-02]. https://www.ndrc.gov.cn/xxgk/zcfb/tz/202004/t20200402_1225031.html.

[65] 国家能源局. 关于公布2020年光伏发电项目国家补贴竞价结果的通知[EB/OL]. [2020-06-23]. https://zfxxgk.nea.gov.cn/2020-06/23/c_139172930.htm.

[66] 国家发展改革委办公厅,国家能源局综合司. 关于公布2020年风电、光伏发电平价上网项目的通知[EB/OL]. [2020-07-31]. https://zfxxgk.ndrc.gov.cn/wap/iteminfo.jsp?id=17206.

[67] 工业和信息化部. 中华人民共和国工业和信息化部公告2021年第5号[EB/OL]. [2021-02-23]. https://www.miit.gov.cn/zwgk/zcwj/wjfb/gg/art/2021/art_24b585fce0f64c98be8efe14e0446458.html.

[68] 国家能源局. 国家能源局关于2021年风电、光伏发电开发建设有关事项的通知[EB/OL]. [2021-05-11]. https://zfxxgk.nea.gov.cn/2021-05/11/c_139958210.htm.

[69] 国家发展改革委,国家能源局,财政部. 关于印发"十四五"可再生能源发展规划的通知[EB/OL]. [2021-10-21]. https://zfxxgk.nea.gov.cn/2021-10/21/c_1310611148.htm.

[70] 工业和信息化部,住房和城乡建设部,交通运输部,农业农村部,国家能源局. 智能光伏产业创新发展行动计划（2021-2025年）[EB/OL].[2021-12-31]. https://www.gov.cn/zhengce/zhengceku/2022-01/05/5666484/files/daf24576801549ecbde531fd9346b1e5.pdf.

[71] 国家发展改革委,国家能源局. "十四五"现代能源体系规划[EB/OL]. [2022-01-29]. https://www.gov.cn/zhengce/zhengceku/2022-01/05/5666484/files/daf24576801549ecbde531fd9346b1e5.pdf.

[72] 国务院办公厅. 关于促进新时代新能源高质量发展的实施方案[EB/OL]. [2022-05-14]. https://www.gov.cn/zhengce/zhengceku/2022-05/30/content_5693013.htm.

[73] 国家能源局. "十四五"可再生能源发展规划[EB/OL]. [2022-06-01]. https://www.gov.cn/zhengce/content/2022-05/30/content_5693013.htm.

[74] 国家发展改革委办公厅,国家能源局综合司. 关于促进光伏产业链健康发展有关事项的通知[EB/OL]. [2022-09-13]. https://www.ndrc.gov.cn/xxgk/zcfb/tz/202210/t20221028_1339677.html.

[75] 国家能源局. 光伏电站开发建设管理办法[EB/OL]. [2022-11-30]. https://zfxxgk.nea.gov.cn/2022-11/30/c_1310686324.htm.

[76] 国家能源局.《光伏电站开发建设管理办法》政策解读[EB/OL]. [2022-12-26]. https://www.nea.gov.cn/2022-12/26/c_1310686331.htm.

[77] 工业和信息化部，教育部，科技部，等. 关于推动能源电子产业发展的指导意见[EB/OL]. [2023-01-17]. https://www.miit.gov.cn/zwgk/zcwj/wjfb/yj/art/2023/art_5fe76c58f263450ebc92c903427a6d12.html.

[78] 国家能源局. 关于印发《光伏电站开发建设管理办法》的通知[EB/OL]. [2023-01-30]. https://zfxxgk.nea.gov.cn/2022-11/30/c_1310686324.htm.

[79] 自然资源部办公厅，国家林业和草原局办公室，国家能源局综合司. 关于支持光伏发电产业发展规范用地管理有关工作的通知[EB/OL]. [2023-03-30]. https://gi.mnr.gov.cn/202303/t20230328_2779460.html.

[80] 国家能源局. 2023年能源工作指导意见[EB/OL]. [2023-04-06]. https://zfxxgk.nea.gov.cn/2023-04/06/c_1310710616.htm.

[81] 国家能源局. 国家能源局关于组织开展可再生能源发展试点示范的通知[EB/OL]. [2023-09-27]. https://zfxxgk.nea.gov.cn/2023-09/27/c_1310745991.htm.

[82] 国家能源局. 2024年能源工作指导意见[EB/OL]. [2024-03-18]. https://zfxxgk.nea.gov.cn/2024-03/18/c_1310768578.htm.

[83] 国务院. 2024—2025年节能降碳行动方案[EB/OL]. [2024-05-23]. https://www.gov.cn/zhengce/zhengceku/202405/content_6954323.htm.

[84] 工业和信息化部办公厅. 光伏产业标准体系建设指南（2024版）[EB/OL]. [2024-08-24]. https://www.miit.gov.cn/zwgk/zcwj/wjfb/tz/art/2024/art_55a0482f9f8941e6b9fbfb30a165dab6.html.

[85] 王东，张增辉，江祥华. 分布式光伏电站设计、建设与运维[M]. 北京：化学工业出版社，2018.

[86] 杨洪兴，周伟. 太阳能建筑一体化技术与应用[M]. 北京：中国建筑工业出版社，2009.

[87] Nordmann T, Clavadetscher L. PV on noise barriers[J]. Progress in Photovoltaics Research & Applications, 2004, 12(6)：485–495.

[88] Abbate-Gardner C. Open public spaces and street furniture: The potential for increased use of photovoltaics in the built environment[J]. Progress in Photovoltaics Research & Applications, 1996, 4 (4)：269–277.

[89] IEA-PVPS. TASK 7: Photovoltaic power systems in the built environment[EB/OL].[2002-09-01] http://www.iea-pvps.org/index.php? id=9&tx_damfetools_pi1[setCatList]=61-78.

[90] Snow M, Prasad D. Designing with Solar Power[M]. London: Earthscan, 2005.

[91] Izquierdo S, Rodrigues M, Fueyo N. A method for estimating the geographical distribution of the available roof surface area for large-scale photovoltaic energy-potential evaluations[J]. Solar Energy, 2008, 82 (10)：929-939.

[92] Hoogwijk M M. On the global and regional potential of renewable energy sources[M]. Utrecht: Utrecht University, 2004.

[93] Lee M, Hong T, Kang H, et al. Development of an integrated multi-objective optimization model for determining the optimal solar incentive design[J]. International Journal of Energy Research, 2017, 41(12): 1749–1766.

[94] Hong T, Lee M, Koo C, et al. Development of a method for estimating the rooftop solar photovoltaic (PV) potential by analyzing the available rooftop area using Hillshade analysis[J]. Applied Energy, 2016, 194: 320-332.

[95] Ordonez J, Jadraque E, Alegre J, et al. Analysis of the photovoltaic solar energy capacity of residential rooftops in Andalusia (Spain) [J]. Renewable & Sustainable Energy Reviews, 2010, 14(7): 2122-2130.

[96] Wiginton L K, Nguyen H T, Pearce J M. Quantifying rooftop solar photovoltaic potential for regional renewable energy policy[J]. Computers Environment & Urban Systems, 2010, 34(4): 345-357.

[97] Košir M, Capeluto I G, Krainer A, et al. Solar potential in existing urban layouts—Critical overview of the existing building stock in Slovenian context[J]. Energy Policy, 2014, 69(6): 443-456.

[98] Byrne J, Taminiau J, Kurdgelashvili L, et al. A review of the solar city concept and methods to assess rooftop solar electric potential, with an illustrative application to the city of Seoul[J]. Renewable & Sustainable Energy Reviews, 2015, 41: 830-844.

[99] Horváth M, Kassai-Szoó D, Csoknyai T. Solar Energy Potential of Roofs on Urban Level Based on Building Typology[J]. Energy & Buildings, 2016, 111: 278-289.

[100] 刘光旭，吴文祥，张绪教，等. 屋顶可用太阳能资源评估研究——以2000年江苏省数据为例[J]. 长江流域资源与环境，2010，19（11）：1242-1248.

[101] 王晋. 光伏建筑一体化在城市住宅中应用潜力的研究[D]. 天津：天津大学，2012.

[102] 王利珍，谭洪卫，庄智，等. 基于GIS平台的我国太阳能光伏发电潜力研究[J]. 上海理工大学学报，2014（5）：491-496.

[103] Li K, Wang J C, Chen C Y, et al. Evaluation of the development potential of rooftop solar photovoltaic in Taiwan[J]. Renewable Energy，2015，76：582-595.

[104] 张华，王立雄，李卓. 城市建筑屋顶光伏利用潜力评估方法及其应用[J]. 城市问题，2017（2）：33-39.

[105] 张华. 城市建筑屋顶光伏利用潜力评估研究[D]. 天津：天津大学，2017.

[106] Vardimon R. Assessment of the potential for distributed photovoltaic electricity production in Israel[J]. Renewable Energy, 2011, 36 (2): 591-594.

[107] Bergamasco L, Asinari P. Scalable methodology for the photovoltaic solar energy potential assessment based on available roof surface area: Further improvements by ortho-image analysis and application to Turin (Italy) [J]. Solar Energy, 2011, 85 (11): 2741–2756.

[108] Bergamasco L, Asinari P. Scalable methodology for the photovoltaic solar energy potential assessment based on available roof surface area: Application to Piedmont Region (Italy)[J]. Solar Energy, 2011, 85 (5) : 1041-1055.

[109] Sun Y W, Hof A, Wang R, et al. GIS-based approach for potential analysis of solar PV generation at the regional scale: A case study of Fujian Province[J]. Energy Policy, 2013, 58 (9) : 248-259.

[110] 徐福圆. 基于遥感图像的屋顶面积识别及屋顶光伏容量估计[D]. 杭州：杭州电子科技大学, 2016.

[111] Šúri M, Huld T A, Dunlop E D, et al. Potential of solar electricity generation in the European Union member states and candidate countries[J]. Solar Energy, 2007, 81 (10) : 1295-1305.

[112] Huld T, Müller R, Gambardella A. A new solar radiation database for estimating PV performance in Europe and Africa[J]. Solar Energy, 2012, 86 (6) : 1803-1815.

[113] Huld T A, Šúri M, Dunlop E D. GIS-based estimation of solar radiation and PV generation in central and eastern Europe on the web[C]. Proc. Of 9th EC GI & GIS Workshop, ESDI Serving the USER, A Coruña, Spain, 2003: 25-27.

[114] Freitas S, Catita C, Redweik P, et al. Modelling solar potential in the urban environment: State-of-the-art review[J]. Renewable & Sustainable Energy Reviews, 2015, 41: 915-931.

[115] Šúri M, Cebecauer T, Skoczek A. SolarGIS: Solar data and online applications for PV planning and performance assessment[C]. 26th European photovoltaics solar energy conference, 2011.

[116] 阿波罗光伏电站设计. 阿波罗光伏DAT产品[EB/OL]. [2017-08-30]. https://www.apollopv.cn/pc/index.html.

[117] 北极星太阳能光伏网. 完美得不像实力派："阿波罗光伏云·资源快评"轻测评[EB/OL]. [2016-01-08] http://guangfu.bjx.com.cn/news/20160108/699549.shtml.

[118] Karteris M, Theodoridou I, Mallinis G, et al. Façade photovoltaic systems on multifamily buildings: An urban scale evaluation analysis using geographical information systems[J]. Renewable & Sustainable Energy Reviews, 2014, 39 (39) : 912-933.

[119] Lehmann H, Peter S. ASESSMENT OF ROOF & FAÇADE POTENTIALS FOR SOLAR USE IN EUROPE[J]. Institute for sustainable solutions and innovations , 2003, 1: 2-4.

[120] Redweik P, Catita C, Brito M. Solar energy potential on roofs and facades in an urban landscape[J]. Solar Energy, 2013, 97 (5) : 332-341.

[121] Catita C, Redweik P, Pereira J, et al. Extending solar potential analysis in buildings to vertical facades[J]. Computers & Geosciences, 2014, 66 (C) : 1-12.

[122] Freitas S, Catita C, Redweik P, et al. Modelling solar potential in the urban environment: State-of-the-art review[J]. Renewable & Sustainable Energy Reviews, 2015, 41: 915-931.

[123] Brito M C, Freitas S, Guimarães S, et al. The importance of facades for the solar PV potential of a Mediterranean city using LiDAR data[J]. Renewable Energy, 2017, 111: 85-94.

[124] Brito M C, Gomes N, Santos T, et al. Photovoltaic potential in a Lisbon suburb using LiDAR

data[J]. Solar Energy, 2012, 86 (1) : 283-288.

[125] Freitas S. Validation of a façade PV potential model based on LiDAR data[C]. Proceedings of the 33rd EUPVSEC European PV Solar Energy Conference and Exhibition, Amsterdam, The Netherlands. 2017: 25-29.

[126] Lukač N, Žlaus D, Seme S, et al. Rating of roofs' surfaces regarding their solar potential and suitability for PV systems, based on LiDAR data[J]. Applied Energy, 2013, 102: 803-812.

[127] Lukač N, Seme S, Žlaus D, et al. Buildings roofs photovoltaic potential assessment based on LiDAR (Light Detection And Ranging) data[J]. Energy, 2014, 66 (2) : 598-609.

[128] Bizjak M, Žalik B, Lukač N. Evolutionary-driven search for solar building models using LiDAR data[J]. Energy & Buildings, 2015, 92: 195-203.

[129] Srećković N, Lukač N, Žalik B, et al. Determining roof surfaces suitable for the installation of PV (photovoltaic) systems, based on LiDAR (Light Detection And Ranging) data, pyranometer measurements, and distribution network configuration[J]. Energy, 2016, 96: 404-414.

[130] Bizjak M, Žalik B, Štumberger G, et al. Estimation and optimisation of buildings' thermal load using LiDAR data[J]. Building & Environment, 2018, 128: 12-21.

[131] Jakubiec J A, Reinhart C F. A method for predicting city-wide electricity gains from photovoltaic panels based on LiDAR and GIS data combined with hourly Daysim simulations[J]. Solar Energy, 2013, 93 (C) : 127-143.

[132] Jacques D A, Gooding J, Giesekam J J, et al. Methodology for the assessment of PV capacity over a city region using low-resolution LiDAR data and application to the City of Leeds (UK) [J]. Applied Energy, 2014, 124 (124) : 28-34

[133] Li Z, Zhang Z, Davey K. Estimating Geographical PV Potential Using LiDAR Data for Buildings in Downtown San Francisco[J]. Transactions in Gis, 2016, 19(6): 930-963.

[134] Jochem A, Höfle B, Rutzinger M, et al. Automatic roof plane detection and analysis in airborne lidar point clouds for solar potential assessment[J]. Sensors, 2009, 9 (7) : 5241-5262.

[135] Vosselman G, Dijkman S. 3D building model reconstruction from point clouds and ground plans[J]. Int.arch.of Photogrammetry & Remote Sensing, 2001 (3/W4) : 37-43.

[136] Kodysh J B, Omitaomu O A, Bhaduri B L, et al. Methodology for estimating solar potential on multiple building rooftops for photovoltaic systems[J]. Sustainable Cities & Society, 2013, 8: 31-41.

[137] Kassner R, Koppe W, Schüttenberg T, et al. Analysis of the solar potential of roofs by using official LiDAR data[C]. Proceedings of the International Society for Photogrammetry, Remote Sensing and Spatial Information Sciences,(ISPRS Congress). 2008: 399-404.

[138] Szabo S, Enyedi P, Horváth M, et al. Automated registration of potential locations for solar energy production with Light Detection And Ranging (LiDAR) and small format photogrammetry[J]. Journal of Cleaner Production, 2016, 112: 3820–3829.

[139] 吕扬，张显峰，刘羽. 建筑物尺度的太阳能资源潜力估算模型研究[J]. 北京大学学报（自

然科学版），2013，49（4）：650-656.

[140] 张显峰，吕扬，刘羽. 顾及树木的城市三维建模及其在太阳能潜力评价中的应用[J]. 应用基础与工程科学学报，2014（3）：415-425.

[141] 吕扬，张显峰，刘羽. 城市建筑物太阳能资源潜力评价系统设计与实现[J]. 计算机应用与软件，2014（12）：70-73.

[142] Wittmann H, Bajons P, Doneus M, et al. Identification of roof areas suited for solar energy conversion systems[J]. Renewable Energy, 1997, 11 (11) : 25-36.

[143] Zhang W, Zhang Y, Li Z, et al. A rapid evaluation method of existing building applied photovoltaic (BAPV) potential[J]. Energy & Buildings, 2017, 135: 39-49.

[144] 张豪，高辉，徐凌玉. 校园光伏建筑一体化应用潜力的评估方法及验证——以天津大学新校区为例[J]. 建筑节能，2014（5）：40-44.

[145] Sharma P, Harinarayana T. Solar energy generation potential along national highways[J]. International Journal of Energy & Environmental Engineering, 2017, 4 (1) : 1-13.

[146] Shekhar A, Klerks S, Bauer P, et al. Solar road operating efficiency and energy yield - An integrated approach towards inductive power transfer[C]. Proc. 31st Eur. Photovolt. Sol. Energy Conf. Exhib. Hamburg, 14-18 Sept., 2015；Authors version, 2015.

[147] Nordmann T, Goetzberger A. Motorway sound barriers: recent results and new concepts for advancement of technology[C]// Photovoltaic Energy Conversion, 1994. Conference Record of the Twenty Fourth. IEEE Photovoltaic Specialists Conference - 1994, 1994 IEEE First World Conference on. IEEE, 1994 (1) : 766-769.

[148] Jaffery S H I, Khan H A, Khan M, et al. A study on the feasibility of solar powered railway system for light weight urban transport [C]. Proceeding of World Renewable Energy Conference, 2015 (3).

[149] Jaffery S H I, Khan M, Ali L, et al. The potential of solar powered transportation and the case for solar powered railway in Pakistan [J]. Renewable & Sustainable Energy Reviews, 2014, 39 (6) : 270-276.

[150] 李相昌，叶会华. 高速公路将是未来的"绿色电厂"[J]. 阳光能源，2006（1）：54-56.

[151] 韩丹，张玉坤，张睿. 新丝绸之路经济带的道路光伏一体化探析[C]. 2016 International Energy Technology Conference on Silkroad Economic Bell. 西安，2016：21-22.

[152] 宫盛男，张玉坤，韩丹，等. 道路光伏发电对道路光环境的影响研究[J]. 建筑节能，2017（6）：83-89.

[153] 宫盛男，张玉坤，张睿，等. 城市道路光伏发电的声环境影响研究[J]. 建筑节能，2017，45（11）：88-94.

[154] Birnie D P. Solar-to-vehicle (S2V) systems for powering commuters of the future[J]. Journal of Power Sources, 2009, 186 (2) : 539-542.

[155] Li X, Lopes L A C, Williamson S S. On the suitability of plug-in hybrid electric vehicle (PHEV) charging infrastructures based on wind and solar energy[C]. Power & Energy Society General

Meeting, 2009 : 1-8.

[156] Neumann H M, Schär D, Baumgartner F. The potential of photovoltaic carports to cover the energy demand of road passenger transport[J]. Progress in Photovoltaics Research & Applications, 2012, 20 (6) : 639–649.

[157] Krishnan R. Technical solar photovoltaic potential of large scale parking[M]. Houghton: Michigan Tech University, 2016.

[158] Hernandez R R, Easter S B, Murphy-Mariscal M L, et al. Environmental impacts of utility-scale solar energy[J]. Renewable & Sustainable Energy Reviews, 2014, 29 (7) : 766-779.

[159] Hernandez R R, Hoffacker M K, Field C B. Efficient use of land to meet sustainable energy needs[J]. Nature Climate Change, 2015, 5 (4) . 353–358.

[160] Harinarayana T, Vasavi K S V. Solar energy generation using agriculture cultivated lands[J]. Smart Grid & Renewable Energy, 2014, 5 (5) : 31-42.

[161] Howard L. The climate of London, deduced from meteorological observations [M]. Cambridge: Cambridge University Press, 2012.

[162] Santamouris M, Asimakopoulos D N. Energy and climate in the urban built environment [M]. London: James & James, 2001.

[163] Oke T R. The energetic basis of the urban heat island [J]. Quarterly Journal of the Royal Meteorological Society, 1982, 108 (455) : 1-24.

[164] Dominguez A, Kleissl J, Luvall J C. Effects of solar photovoltaic panels on roof heat transfer[J]. Solar Energy, 2011, 85(9): 2244-2255.

[165] Taha H. The potential for air-temperature impact from large-scale deployment of solar photovoltaic arrays in urban areas[J]. Solar Energy, 2013, 91 (3) : 358-367.

[166] Millstein D, Menon S. Regional climate consequences of large-scale cool roof and photovoltaic array deployment[J]. Environmental Research Letters, 2011, 49123 (6) : 98-204.

[167] Scherba A, Sailor D J, Rosenstiel T N, et al. Modeling impacts of roof reflectivity, integrated photovoltaic panels and green roof systems on sensible heat flux into the urban environment[J]. Building & Environment, 2011, 46 (12) : 2542-2551.

[168] Efthymiou C, Santamouris M, Kolokotsa D, et al. Development and testing of photovoltaic pavement for heat island mitigation[J]. Solar Energy, 2016, 130: 148-160.

[169] Masson V, Bonhomme M, Salagnac J L, et al. Solar Panels reduce both global warming and Urban Heat Island[J]. Frontiers in Environmental Science, 2014, 2: 1-10.

[170] Kapsalis V C, Vardoulakis E, Karamanis D. Simulation of the cooling effect of the roof-added photovoltaic panels[J]. Advances in Building Energy Research, 2014, 8 (1) : 41-54.

[171] Salamanca F, Georgescu M, Mahalov A, et al. Citywide Impacts of Cool Roof and Rooftop Solar Photovoltaic Deployment on Near-Surface Air Temperature and Cooling Energy Demand[J]. Boundary-Layer Meteorology, 2016, 161 (1) : 203-221.

[172] Wang Y, Tian W, Zhu L, et al. Interactions Between Building Integrated Photovoltaics and

Microclimate in Urban Environments[J]. Solar Energy, 2006, 2005 (5) : 499–504.

[173] Tian W, Wang Y, Xie Y, et al. Effect of building integrated photovoltaics on microclimate of urban canopy layer[J]. Building & Environment, 2007, 42 (5) : 1891-1901.

[174] Wang Y, Tian W, Ren J, et al. Influence of a building's integrated-photovoltaics on heating and cooling loads[J]. Applied Energy, 2006, 83 (9) : 989-1003.

[175] Tian W, Wang Y, Ren J, et al. Effect of urban climate on building integrated photovoltaics performance[J]. Energy Conversion & Management, 2007, 48 (1) : 1-8.

[176] Li J, Georgescu M, Hyde P, et al. Regional-scale transport of air pollutants: impacts of Southern California emissions on Phoenix ground-level ozone concentrations[J]. Atmospheric Chemistry & Physics, 2015, 15 (16) : 8361-8401.

[177] Chatzipanagi A, Frontini F, Virtuani A. BIPV-temp: A demonstrative Building Integrated Photovoltaic installation[J]. Applied Energy, 2016, 173: 1-12.

[178] Barron-Gafford G A, Minor R L, Allen N A, et al. The Photovoltaic Heat Island Effect: Larger solar power plants increase local temperatures[J]. Scientific Reports, 2016, 6: 1-7.

[179] Yang L, Gao X, Lv F, et al. Study on the local climatic effects of large photovoltaic solar farms in desert areas[J]. Solar Energy, 2017, 144: 244-253.

[180] 秦在东. 思想政治教育学理论结构探究[J].华中师范大学学报（人文社会科学版），2012（1）：99-105.

[181] 夏征农，陈至立. 辞海：缩印本[M]. 上海：上海辞书出版社，2010.

[182] 吴志强，李德华. 城市规划原理[M]. 4版. 北京：中国建筑工业出版社，2010.

[183] 阿摩斯·拉普卜特. 建筑环境的意义：非言语表达方法[M]. 北京：中国建筑工业出版社，2006.

[184] 胡红林. 建成环境的地域性表达[D]. 上海：同济大学，2008.

[185] Beckman W A, Bugler J W, Cooper P I, et al. Units and symbols in solar energy[J]. Solar Energy, 1978, 21 (1) : 65-68.

[186] Carlisle House. The Building Side of Building Integrated Photovoltaics [EB/OL]. [1999-09-01]. http://solarprofessional.com/articles/products-equipment/modules/the-building-side-of-building-integrated-photovoltaics#.W3F5ljt95PY.

[187] Some Examples of Large Photovoltaic Roofs [EB/OL]. [2015-12-29]. http://www.pvresources.com/en/pvpowerplants/top50pvroofs.php.

[188] 王斌，罗洋. 光伏建筑一体化与体育场建筑设计[J]. 建筑技艺，2011（z2）：208-211.

[189] Nordman T, Clavadetscher L, Hächler R. 100 kW grid-connected pv installation along motorway and rallway[J]. Solar World Congress, 1992：131-136.

[190] PV-resources. Photovoltaic Noise Barriers Worldwide[EB/OL]. [2018-08-11]. http://www.pvresources.com/en/pvpowerplants/noisebarriers.php.

[191] Noise barrier A3. [EB/OL]. http://www.ralos-newenergy.de/index.php/de/.

[192] Brusaw S D, Brusaw J A. Solar roadway panel: USD712822[P]. 2014.

[193] Ridden P. Sandpoint town square home to first public Solar Roadways panel installation [EB/OL]. [2016-10-03]. https://newatlas.com/solar-roadways-sandpoint-public-installation/45723/.

[194] Eindhoven. Netherlands Organisation for Applied Scientific Research[J]. Neuropharmacology, 1993, 32 (1): 1–9.

[195] Wattwaybycolas. The Solar Road [EB/OL]. [2025-03-01]. http://www.wattwaybycolas.com/en/.

[196] 梁丽雯. 光伏高速公路亮相济南，路面可将太阳能转为电能[J]. 金融科技时代，2018（1）：82-82.

[197] 唐芳. 太阳能道路让电动汽车边跑边充电[J]. 青海科技，2017（4）：38-40.

[198] Cerar J, Novak P, Muhic S, et al. PHOTOVOLTAIC POWER PLANT: WO, WO/2012/050534[P]. 2012.

[199] Tham M. Solar Serpents in Paradise[EB/OL]. [2010-10-15]. https://www.archdaily.com/88827/solar-serpents-in-paradise-mans-tham.

[200] Han D, Zhang Y, Zhang R, et al. Analysis on the Productive Enhancement of Urban Traffic Environment Take Brooklyn-Queens Expressway Enhancement Study as an example[C]. International Conference on Architecture and Civil Engineering, 2017: 432-438.

[201] Gilson B, Hetlen P, Aertsens W. Reducing Carbon Intensity of the Supply Chain by Promoting Public Transport[J]. Magazine for Environmental Managers, 2011, 10: 16-18.

[202] Scognamiglio A. Photovoltaic landscapes: Design and assessment. A critical review for a new transdisciplinary design vision[J]. Renewable & Sustainable Energy Reviews, 2016, 55: 629-661.

[203] Akuo. Agrinergie® project - in operation[EB/OL]. [2010-12-01] http://www.akuoenergy.com/en/pierrefonds.

[204] Scognamiglio A. Solar Strand[EB/OL]. [2013-09-02] https://www.domusweb.it/it/interviste/2013/09/02/solar_strand.html.

[205] Technergeia. GREETING TO THE SUN[EB/OL]. [2016-09-16]. https://technergeia.org/2016/09/16/greeting-to-the-sun/.

[206] Jennifer Hattam. Solar-Powered Artwork Around the World[EB/OL]. [2011-11-09]. https://www.treehugger.com/slideshows/solar-technology/solar-powered-artwork-around-the-world/page/12/.

[207] ZED Dock. Solar Tree[EB/OL]. [2025-03-01]. https://www.zedfactory.com/zed-roof.

[208] Spotlightsolar. Solar power trees[EB/OL]. [2025-03-01]. https://spotlightsolar.com/products/.

[209] Rosa-Clot M, Tina M G. Floating Plants and Environmental Aspects[M]// Submerged and Floating Photovoltaic Systems. London: Academic Press, 2018.

[210] LUKE RICHARDSON. Solar Energy News: Floating Solar Arrays Gain Popularity, A New Record for Cheapest Solar Price, Homeowners Shifting Away From Solar Leasing [EB/OL]. [2016-05-06]. https://news.energysage.com/solar-energy-news-floating-solar-arrays-gain-popularity/.

[211] 光伏新闻. 光伏界, 中国又揽了一个世界之最! [EB/OL]. [2017-05-15]. https://news.solarbe.com/201705/25/113598.html.

[212] 新华社. 浙江慈溪"渔光互补"光伏发电项目即将验收并网[EB/OL]. [2016-12-26]. http://www.zj.xinhuanet.com/2016NingboNewsxhtg/20161226/3595510_p.html.

[213] 宁波首座海岛渔光互补光伏电站并网发电[EB/OL]. [2016-11-04]. http://www.solar-pv.cn/xinwen/guonei/31872.html.

[214] 新能源门. 下有一个金屋顶: 全国污水处理厂! 光伏电站建设有望超过20GW! [EB/OL]. [2017-06-13]. https://news.solarbe.com/201706/13/114592.html.

[215] Solar tree. Street lamp[EB/OL]. https://theredlist.com/wiki-2-18-393-1394-view-organic-design-profile-lovegrove-ross-2.html.

[216] Meng T. Terawatt Solar Photovoltaics[M]. London: Springer, 2014.

[217] Haas R. Market development strategies for PV systems in the built environment: An evaluation of incentives, support programmes and marketing activities: IEA Photovoltaic Power Systems Programme Report[R]. IEA-PVPS T7-06, 2002.

[218] Fulton L, Cazzola P, Cuenot F. IEA Mobility Model (MoMo) and its use in the ETP 2008[J]. Energy Policy, 2009, 37 (10): 3758-3768.

[219] Handy S L, Boarnet M G, Ewing R, et al. How the built environment affects physical activity: Views from urban planning[J]. American Journal of Preventive Medicine, 2002, 23 (2S): 64-73.

[220] Shockley W, Queisser H J. Detailed Balance Limit of Efficiency of p-n Junction Solar Cells[J]. Journal of Applied Physics, 2004, 32 (3): 510-519.

[221] 魏光普, 张忠卫, 徐传明, 等. 高效率太阳电池与光伏发电新技术[M]. 北京: 科学出版社, 2018.

[222] Chong C M, Wenham S R, Green M A. High-efficiency, laser grooved, buried contact silicon solar cells[J]. Applied Physics Letters, 1988, 52 (5): 407-409.

[223] 任丙彦, 吴鑫, 勾宪芳, 等. 背接触硅太阳电池研究进展[J]. 材料导报, 2008, 22 (9): 101-105.

[224] Tanaka M, Okamoto S, Tsuge S, et al. Development of hit solar cells with more than 21% conversion efficiency and commercialization of highest performance hit modules[C]. Photovoltaic Energy Conversion, 2003; 955-958.

[225] 张群芳, 朱美芳, 刘丰珍. 高效薄膜硅/晶体硅异质结电池的研究[J]. 太阳能, 2006 (4): 40-41.

[226] 沈文忠. 太阳能光伏技术与应用[M]. 上海: 上海交通大学出版社, 2013.

[227] 王文静. 晶体硅太阳电池制造技术[M]. 北京: 机械工业出版社, 2014.

[228] 宋登元, 熊景峰. 双面发电高效率N型Si太阳电池及组件的研制[J]. 太阳能学报, 2013, 34 (12): 2146-2150.

[229] Yue Z, Shen H, Jiang Y, et al. Large-scale black multi-crystalline silicon solar cell with conversion efficiency over 18 %[J]. Applied Physics A, 2014, 116 (2): 683-688.

[230] Schwartz E. Roll to Roll Processing for Flexible Electronics[D]. New York: Cornell University, 2006.

[231] 王启明. 太阳电池发展现状及性能提升研究[M]. 北京：科学出版社，2014.

[232] 张忠卫，陆剑峰，池卫英，等. 砷化镓太阳电池技术的进展与前景[J]. 上海航天，2003，20（3）：33-38.

[233] Christiansen S H, Falk F. Book Review: Thin Film Solar Cells. Fabrication, Characterization and Applications. By Jef Poortmans and Vladimir Arkhipov (Eds.)[J]. Advanced Materials, 2008, 20 (2) : 367-368.

[234] O'Regan B, Grätzel M. A low-cost, high-efficiency solar cell based on dye-sensitized colloidal TiO$_2$ films[J]. Nature, 1991, 353 (6346): 737-740.

[235] 张玮皓，彭晓晨，冯晓东. 钙钛矿太阳能电池的研究进展[J]. 电子元件与材料，2014，33（8）：7-11.

[236] 邱永华，史伟民，魏光谱，等. 硫化锡多晶薄膜太阳电池研究进展[J]. 人工晶体学报，2006，35（1）：159-163.

[237] 朱丽，黄群武. 聚光光伏：原理、系统与应用[M]. 天津：天津大学出版社，2012.

[238] 朱丽，邵泽彪，孙勇. 建筑集成用太阳能组件双轴联动装置：201810181357.2[S]. 2018-07-27.

[239] Zhu L, Shao Z, Sun Y, et al. Indoor Daylight Distribution in a Room with Integrated Dynamic Solar Concentrating Facade[J]. Energy & Buildings, 2018, 158: 1-13.

[240] Tang J, Kemp K W, Hoogland S, et al. Colloidal-quantum-dot photovoltaics using atomic-ligand passivation[J]. Nature Materials, 2011, 10 (10) : 765-71.

[241] 汉斯-京特·瓦格曼，海因茨·艾施里希. 太阳能光伏技术[M]. 西安：西安交通大学出版社，2011.

[242] 张文. 基于建筑信息采集技术的既有建筑光伏一体化研究[D]. 天津：天津大学，2014.

[243] Prasad I，Snow M. 太阳能光伏建筑设计[M]. 上海现代建筑设计（集团）有限公司技术中心，译. 上海：上海科学技术出版社，2013.

[244] STYLEPARK. EVALON® Solar[EB/OL]. [2011-03-08]. https://www.stylepark.com/en/alwitra/evalon-solar.

[245] Hermannsdorfer I，Rub C. 太阳能光伏建筑设计：光伏发电在老建筑、城区与风景区的应用[M]. 沈辉，褚玉芳，王丹萍，等，译. 北京：科学出版社，2013.

[246] 霍玉佼. 透光薄膜光伏幕墙建筑集成的空间光环境与能量特性研究[D]. 天津：天津大学，2016.

[247] 何韶瑶，李祎君，李水生，等. 太阳能光伏玻璃幕墙技术研究及应用实践——以长沙中建大厦为例[J]. 建筑学报，2009（2）：102-103.

[248] 袁小宜，叶青，刘宗源，等. 实践平民化的绿色建筑——深圳建科大楼设计[J]. 建筑学报，2010（1）：14-19.

[249] 中国能源网. 晶科能源为欧洲首条太阳能高铁提供光伏组件[EB/OL]. [2011-06-20].

https://www.china5e.com/news/news-181979-0.html.

[250] Torres-Sibille A D C, Ramírez M Á A. Aesthetic impact assessment of solar power plants: An objective and a subjective approach[J]. Renewable & Sustainable Energy Reviews, 2009, 13 (5) : 986-999.

[251] 初祎君. 太阳能光伏建筑的立面设计研究[D]. 长沙：湖南大学，2009.

[252] 李卓. 天津地区高层办公建筑应用光伏玻璃的天然采光与能耗研究[D]. 天津：天津大学，2014.

[253] 朱群志，司磊磊，蒋挺燕. 不同安装方式建筑光伏系统的经济性及环境效益[J]. 太阳能学报，2012，33（1）：24-29.

[254] Mierlo B V. Convergent and divergent learning in photovoltaic pilot projects and subsequent niche development[J]. Sustainability Science Practice & Policy，2012，8 (2) : 1-15.

[255] 苑思楠，张玉坤. 基于虚拟现实技术的城市街道网络空间认知实验[J]. 天津大学学报（社会科学版），2012，14（3）：228-234.

[256] 迟伟. 虚拟现实技术在城市设计中的实践[J]. 世界建筑，2000（10）：56-60.

[257] Farhar B C, Roper. Understanding residential grid-tied PV customers and their willingness to pay today's costs: A qualitative assessment[R]. National Renewable Energy Lab., Golden, CO (US), 1998.

[258] Myers D. Inventory of solar radiation/solar energy systems estimators, models, site-specific-data, and publications[EB/OL]. [2009-07-08]. Inventory of Solar Radiation/Solar Energy Systems Estimators, Models, Site-Specific Data, and Publications (psu.edu).

[259] Stein J S, Klise G T. Models used to assess the performance of photovoltaic systems[M]. Sandia: Sandia National Laboratories, 2009.

[260] Aste N, Pero C D, Leonforte F, et al. A simplified model for the estimation of energy production of PV systems[J]. Energy, 2013, 59 (59) : 503-512.

[261] Laudani A, Fulginei F R, Salvini A. Identification of the one-diode model for photovoltaic modules from datasheet values[J]. Solar Energy, 2014, 108: 432-446.

[262] Ekici B B. Variation of photovoltaic system performance due to climatic and geographical conditions in Turkey[J]. Turkish Journal of Electrical Engineering and Computer Sciences, 2016, 24 (6) : 4693–4706.

[263] Perez R, Ineichen P, Seals R, et al. Modeling daylight availability and irradiance components from direct and global irradiance[J]. Solar Energy, 1990, 44 (5) : 271-289.

[264] Axaopoulos P J, Fylladitakis E D, Gkarakis K. Accuracy analysis of software for the estimation and planning of photovoltaic installations[J]. International Journal of Energy & Environmental Engineering, 2014, 5 (1) : 1-7.

[265] Coakley D, Raftery P, Keane M. A review of methods to match building energy simulation models to measured data[J]. Renewable & Sustainable Energy Reviews, 2014, 37 (3) : 123-141.

[266] Haberl J S, Claridge D E, Culp C. ASHRAE's Guideline 14-2002 for Measurement of Energy

and Demand Savings: How to Determine what was really saved by the retrofit[J]. International Conference for Enhanced Building Operations, 2005, 5: 1-13.

[267] EVO. International performance measurement & verification protocol[EB/OL]. [2002-03-01]. https://www.nrel.gov/docs/fy02osti/31505.pdf.

[268] US DOE. M&V guidelines: measurement and verification for federal energy projects version 3.0[R]. Nexant, Inc., Boulder, CO (United States), 2008.

[269] Norman J, Maclean H L, Kennedy C A. Comparing High and Low Residential Density: Life-Cycle Analysis of Energy Use and Greenhouse Gas Emissions[J]. Journal of Urban Planning & Development, 2006, 132 (1) : 10-21.

[270] 国务院办公厅. 关于加快电动汽车充电基础设施建设的指导意见[EB/OL]. [2015-10-09]. http://www.gov.cn/zhengce/content/2015-10/09/content_10214.htm.

[271] 张文，张玉坤，张睿，等. 城市片区停车系统光伏潜力测评方法[J]. 建筑节能，2017（8）：77-83.

[272] 梁佳. 建筑并网光伏系统生命周期环境影响研究[D]. 天津：天津大学，2012.

[273] 王佩军，徐亚明. 摄影测量学[M]. 武汉：武汉大学出版社，2010：4-21.

[274] 陈峻，张辉. 城市路内外停车设施车辆停放的差异性分析[J]. 城市规划，2009，33（8）：33-36.

[275] 中国城市规划设计研究院. 城市规划基本术语标准：GB/T 50280-98[S]. 北京：中国标准出版社，1998.

[276] 刘海龙，李迪华，韩西丽. 生态基础设施概念及其研究进展综述[J]. 城市规划，2005，29（9）：70-75.

[277] 民用建筑太阳能光伏系统应用规范：JHJ 203-2010[S]. 北京：中国建筑工业出版社，2014.

[278] 华南理工大学. 建筑物理[M]. 广州：华南理工大学出版社，2002.

[279] 李合生. 现代植物生理学[M]. 北京：高等教育出版社，2002：283-325.

[280] 绿能达电动车厂家. 电动观光车参数[EB/OL]. [2016-01-20]. http://www.szlndev.com/Products/18zfbggcln_1.html.

[281] 何洪文，孙逢春，余晓江. 电动公交车BJD6100-EV市区行驶能耗分析[J]. 北京理工大学学报，2004，24（3）：222-225.

[282] 牛强. 城市规划GIS技术应用指南[M]. 北京：中国建筑工业出版社，2012.

[283] Zhao Q, Wentz E A, Murray A T. Tree shade coverage optimization in an urban residential environment[J]. Building & Environment, 2017, 115: 269-280.

[284] Eltawil M A, Zhao Z. Grid-connected photovoltaic power systems: Technical and potential problems—A review[J]. Renewable & Sustainable Energy Reviews, 2010, 14 (1) : 112-129.

[285] Luque A, Hegedus S. Handbook of Photovoltaic Science and Engineering[M]. Chichester & Hoboken：John Wiley & Sons, Ltd., 2012.

[286] 中华人民共和国住房和城乡建设部. 光伏发电站设计规范：GB 50797-2012[S]. 北京：中国标准出版社，2012.

[287] Verstraeten J, Stuip M, Birgelen T V. Handbook of Unmanned Aerial Vehicles[M]. Dordrecht: Springer, 2015.

[288] Civil Aviation Authority of Singapore. Unmanned Aircraft Systems, area limits[EB/OL]. [2017-08-26]. http://www.caas.gov.sg/caas/en/ANS/unmanned-aircraft.html.

[289] Dai F, Lu M. Assessing the Accuracy of Applying Photogrammetry to Take Geometric Measurements on Building Products[J]. Journal of Construction Engineering & Management, 2010, 136 (2)：242-250.

[290] Santos I P, Rüther R. The potential of building-integrated (BIPV) and building-applied photovoltaics (BAPV) in single-family, urban residences at low latitudes in Brazil[J]. Energy & Buildings, 2012, 50 (7) : 290-297.

[291] Yong S K, Nobre A, Malhotra R, et al. Optimal Orientation and Tilt Angle for Maximizing in-Plane Solar Irradiation for PV Applications in Singapore[J]. IEEE Journal of Photovoltaics, 2014, 4 (2) : 647-653.

[292] Verhoeven G. Taking computer vision aloft – archaeological three-dimensional reconstructions from aerial photographs with photoscan[J]. Archaeological Prospection, 2011, 18 (1) : 67–73.

[293] Ullman S. The interpretation of structure from motion[J]. Proceedings of the Royal Society of London, 1979, 203 (1153) : 405-426.

[294] Scharstein D, Szeliski R, Zabih R. A taxonomy and evaluation of dense two-frame stereo correspondence algorithms[C]. smbv. IEEE Computer Society, 2001: 0131.

[295] 李秀全，陈竹安，张立亭. 非量测相机影像三维模型构建及精度检验[J]. 测绘科学，2016，41（6）：144-147.

[296] Jirouek T, Kapica R, Vrublová D. The testing of photoscan 3D object modelling software[J]. Geodezijos Darbai, 2014, 40 (2) : 68-74.

[297] Wu X, Liu Y, Xu J, et al. Monitoring the performance of the building attached photovoltaic (BAPV) system in Shanghai[J]. Energy & Buildings, 2015, 88: 174-182.

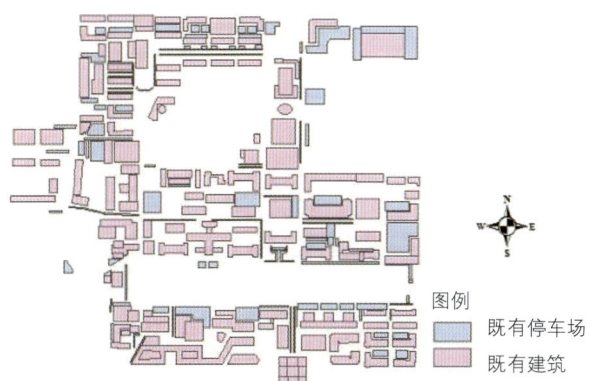

图 4-7a 校区现状

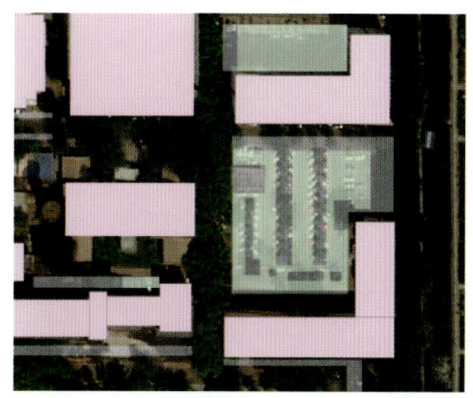

图 4-7b 利用正射影像数据对停车系统可利用光伏区域进行筛选

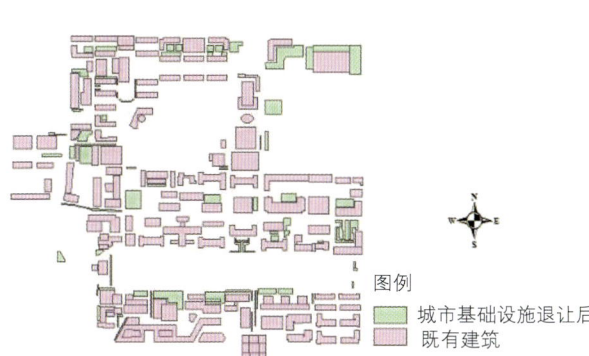

图 4-8a 城市基础设施筛选后停车场可利用光伏区域

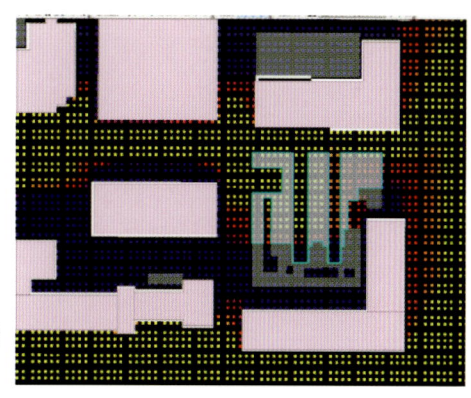

图 4-8b 日照辐射约束设置过程

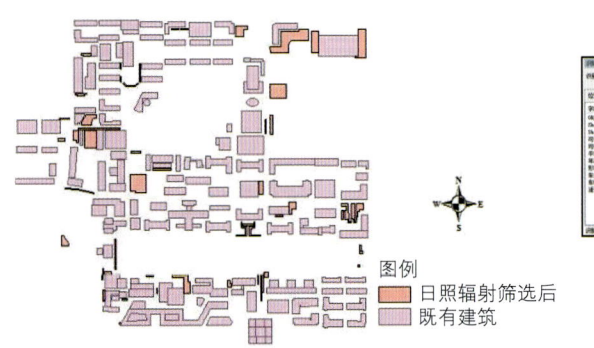

图 4-9 该校园片区停车场最终适于使用光伏组件的区域

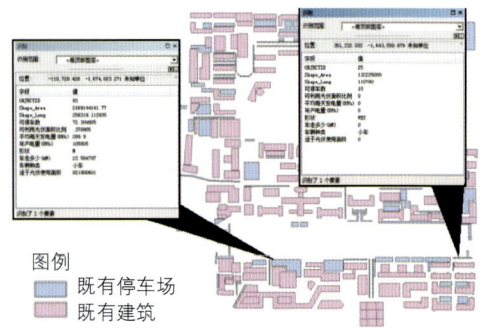

图 4-10 输入停车场属性列表

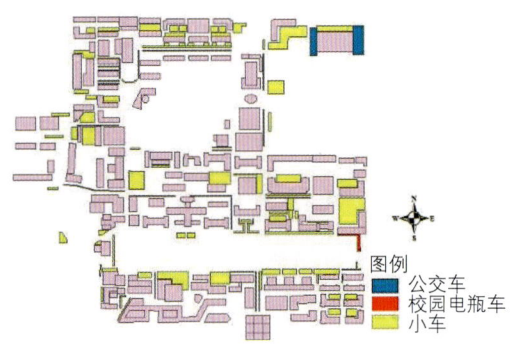

图 4-11a 停车场停放车辆分类

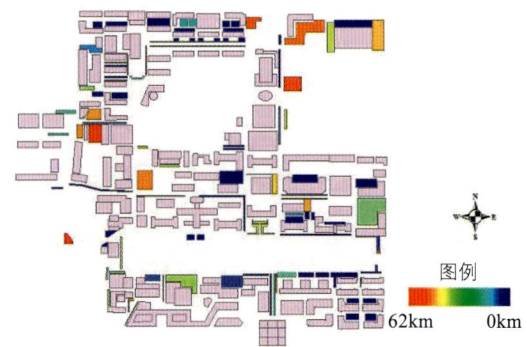

图 4-11b 停车场车辆日发电量供车辆行驶距离分析

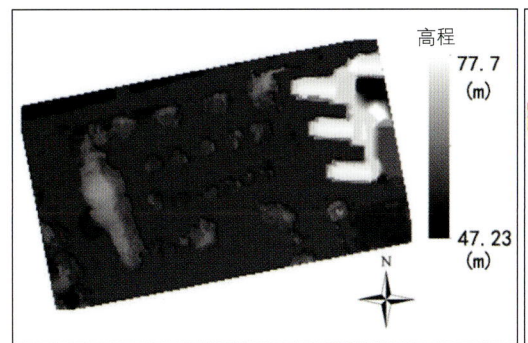

图 4-17a　光伏承载面及以上区域栅格　　图 4-17b　日照时数模拟

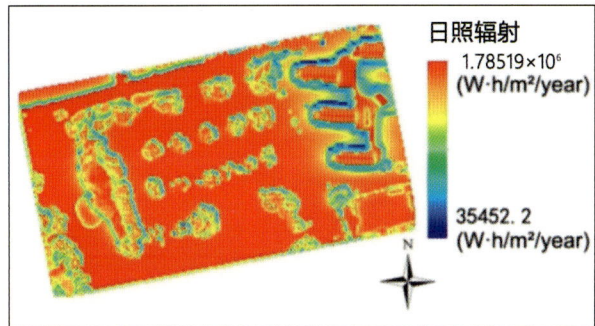

图 4-18a　日照辐射模拟　　图 4-18b　停车场中适合安装光伏组件区域

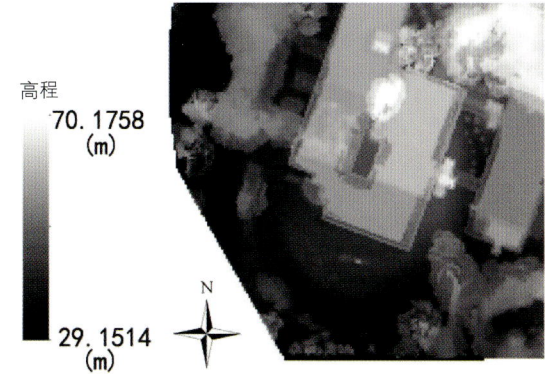

图 4-20a　屋顶案例三维点云模型　　图 4-20b　屋顶数字高程模型

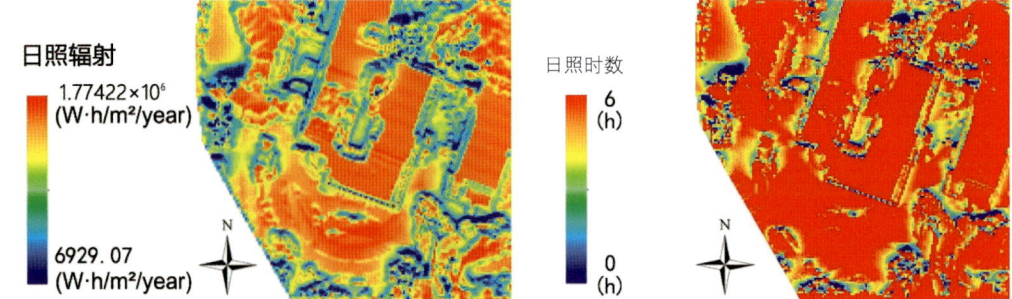

图 4-21a　全年日照辐射模拟　　　　　　　　图 4-21b　日照时数模拟

图 4-22a　屋顶适宜安装光伏组件区域
（紫色区域）

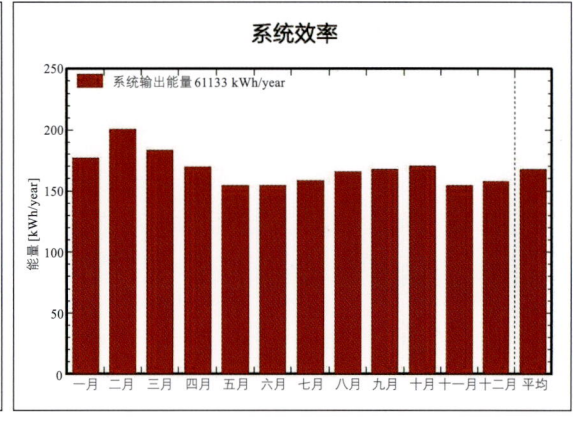

图 4-22b　PVSYST 软件屋顶光伏应用潜力测评结果